建筑工人自学成才十日通——
模板工 200 问

主　编　王吉生
副主编　张　京
参　编　王　玲　穆成西　王　川
　　　　徐洪伟　宫兴云　王成喜
主　审　朝鲁孟

机械工业出版社

本书采用"问答"的形式，通俗易懂，以操作工艺、质量、安全三大部分为主线，分别配以基本知识、材料、工种配合及相关知识，以解决每个工种"应怎样干""怎样才能干好"及"怎样确保不出安全事故"三个关键问题。

本书共分八篇，包括：建筑工程基本知识、建筑模板的基本知识及常用工具、建筑模板施工工艺、模板工程季节施工、质量、安全与环境保护、建筑模板与其他工种配合、其他等。

图书在版编目（CIP）数据

模板工 200 问/王吉生主编. —北京：机械工业出版社，2017.6
（建筑工人自学成才十日通）
ISBN 978-7-111-57150-6

Ⅰ.①模… Ⅱ.①王… Ⅲ.①模板-建筑工程-工程施工-问题解答
Ⅳ.①TU755.2-44

中国版本图书馆 CIP 数据核字（2017）第 142622 号

机械工业出版社（北京市百万庄大街 22 号　邮政编码 100037）
策划编辑：张　晶　责任编辑：张　晶　臧程程
责任校对：郑　婕　封面设计：马精明
责任印制：常天培
涿州市京南印刷厂印刷
2017 年 8 月第 1 版第 1 次印刷
130mm×184mm · 8.875 印张 · 204 千字
标准书号：ISBN 978-7-111-57150-6
定价：29.80 元

本书编写委员会

主　　任： 黄荣辉

副主任： 周占龙　　张浩生

成　　员： 郭佩玲　　张　京　　王吉生　　朝鲁孟　　范圣健

董旭刚　　陈艳华　　穆成西　　梁丽华　　王　玲

郭　旭　　王成喜　　格根敖德　杨　薇

范亚君　　黄　华　　吴丽华　　朱新强　　张　玺

石永红　　张　斌　　杨　毅　　孙明威　　石　勇

金永升　　梁华文　　黄业华　　曹瑞光　　李宝祥

王玉昌　　白永青　　宫兴云　　王富家　　秦旭甦

李　欣　　辛　闯

丛书序

我国的建筑业进入 21 世纪后，发展速度仍很快，尤其是住宅和公共建筑遍地开花，建筑施工队伍也不断扩大。为此，如何提高一线技术工人的理论知识和操作水平是一个急需解决的问题，这将关系到工程质量、安全生产及建筑工程的经济效益和社会效益，也关系到建筑企业的信誉、前途和发展。

20 世纪 80 年代以来，我国建筑业的体制发生了根本性变化，大部分建筑企业已没有自己固定的一线工人，操作工人主要来自农村。这些人员基本上只具有初中的文化水平，对建筑技术及操作工艺了解甚少。其次是原来建筑企业的一线工人按等级支付报酬的制度已不存在，务工人员均缺乏一个"拜师傅"和专业培训的过程，就直接上岗工作。第三是过去已有的关于这方面的书籍，均是以培训为主编写的。而现实中，工人也需要掌握一定的操作技能，以适应越来越激烈的市场竞争，他们很想看到一本实用、通俗、简明易懂，能通过自学成才的书籍。

基于以上的原因，本系列图书均采用"问答"的形式，以通俗易懂的语言，使建筑工人通过自学即能掌握本工种的基本施工技术及操作方法。同时还介绍与本工种有关的新材料、新技术、新工艺、新规范、新的施工方法，以及和环境、职业健康、安全、节能、环保等有关的相关知识，建筑工人从书中能够有针对性地找到施工中可能出现的质量、安全问题的解决办法。

丛书中每个工种均以操作工艺、质量、安全三大部分为主线，包括基本知识、材料、工种配合及相关知识，以解决每个工种"应怎样干""怎样才能干好"及"怎样确保不出安全事故"三个关键问题。

丛书包括：《建筑工人自学成才十日通——砌筑工 200 问》《建筑工人自学成才十日通——混凝土工 200 问》《建筑工人自学成才十日通——模板工 200 问》《建筑工人自学成才十日通——建筑电工 200 问》《建筑工人自学成才十日通——测量放线工 200 问》《建筑工人自学成才十日通——泵工 200 问》。

丛书的编写以行业专家为主，他们不仅具有扎实的专业理论知识，有当过工人的经历，更有多年的从业经验，比较了解一线工人应掌握知识的深度和广度。同时，丛书编写小组还吸收一部分长期在一线的中、青年技术人员参与，并广泛征求一线务工人员的意见，使这套丛书更具有可读性和实用价值。

　　模板工由原来木工转变为建筑业的专业工种，还需追溯到20世纪70年代之后。这是由于两个主要客观原因而促使其演变的：一是由于木材资源缺乏，建筑业已逐步取消了很多木作工程，如木门窗、木屋架、木模板等，大力推行"以钢代木"；二是由于唐山地震后，当时盛行的以预制空心楼板为主的砖混结构，均改为现浇混凝土框架结构，模板的工作量也随着激增。故建筑业中的大批木工很自然地均变成了模板工。

　　21世纪以来，中、高层住宅工程又迅速兴起，大量的混凝土框架结构及框剪结构风起云涌，加上建筑业的新技术、新工艺、新材料的迅猛发展，模板由钢材代替木材的比例越来越大，20世纪末风靡一时的小型组合钢模板又被大模板和竹木胶合板模板替代。这样模板工又不仅仅是木工了，他的工作还涉及钢结构制作安装、起重运输、扣件钢管支模等工艺及操作方法，使模板工变成以木工为主的一个综合性的多面手工种，需要掌握的知识面也随着需要大量更新和补充。

　　本书为了适应上述需要，试图专门讲述目前建筑业模板工程中需要掌握的知识，并通过自学就能掌握模板工程的有关操作技能和工艺要求，以满足模板工人和有关专业人员的需要。

　　本书在编写过程中，得到了丛书编委会黄荣辉主任认真把关，各参编人员均认真负责地对本书提供了许多现场实际施工经验和做法，在此一并表示感谢！

　　由于编者水平有限，加上模板工作为一个新兴起的工种，很多的专业技术及施工工艺仍在不断的更新，因此书中难免有很多不足之处。请广大读者和模板工提出宝贵意见，以便做进一步的修改及完善，先致谢意。

编　者

目录

第一篇

建筑工程基本知识

本篇内容提要

1. 介绍房屋的基本构造、各部位名称和简单的力学知识。
2. 介绍施工图的基本知识和识图方法。

第1-1问 一般民用建筑由哪些主要构件组成?

混凝土是现代建筑工程结构最重要的材料之一,混凝土的质量关系到建筑结构工程的质量。而所有混凝土结构均要通过模板来完成,故混凝土的外形质量的好坏主要决定于模板工程的质量好坏。

一般民用建筑主要由基础、内外墙、柱、楼层梁板、地层(面)、楼梯、屋顶(盖)等基本构件组成,如图1-1所示。

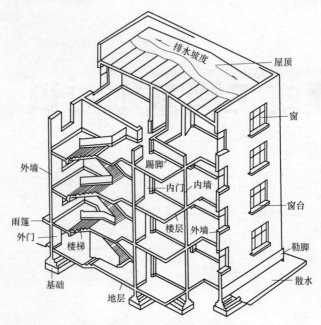

图1-1 民用建筑基本构件组成图示

第1-2问 什么是垫层？它起什么作用？

垫层是在地基开挖后，制作基础前铺设的一层混凝土，即在基础与地基之间设置的一层混凝土，称作混凝土垫层，如图1-2a、图1-2b所示。

它的主要作用是：

1）保护地基土不受扰动。防止在后续施工中或长时间暴露受雨水浸泡，破坏基础结构而降低原有承载能力。

2）起到地基土找平作用。挖出的基坑，虽经找平也存在坑洼不平问题，有了混凝土垫层，弥补了地基开挖后表面不平整，改善基础与地基的接触面，使基础坐落在同一标高垫层上，使基础的荷载能较均匀地传递给地基。

3）方便施工。在平整的垫层上进行放线定位，确保基础位置正确。避免钢筋受泥土的污染。

混凝土垫层的强度等级一般采用 C10～C15，厚度 80～120mm。

a)

b)

图1-2 垫层

a）施工中的地下室底板垫层 b）已完成的孔桩基础垫层

第1-3问 什么是基础？常见有哪些种类？

基础设置在房屋建筑的底部，承受建筑物的全部荷载，并将荷载均匀地传递给地基，它是房屋建筑的重要组成部分。

基础按组成材料常分为：毛石基础、砖基础、混凝土基础和钢筋混凝土基础等。按构造形式可分为：条形基础（见图1-3、图1-4）、独立基础［现浇台阶式基础（见图1-5a）、锥形基础（见图1-5b）、预制柱杯形基础（见图1-6）］、满堂基础［筏形基础（见图1-12a、b）、箱形基础（见图1-13、图1-14）］和桩基础（见图1-7）。

a)   b)

图1-3 条形基础

a）条形毛石基础 b）条形砖基础

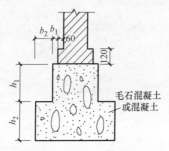

图1-4 混凝土条形基础

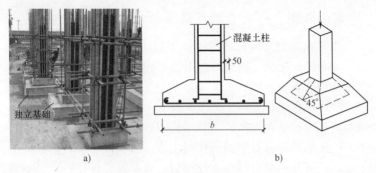

图 1-5 钢筋混凝土独立基础

a) 台阶式混凝土独立基础 b) 锥形钢筋混凝土独立基础

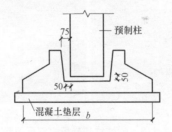

图 1-6 钢筋混凝土柱杯形基础

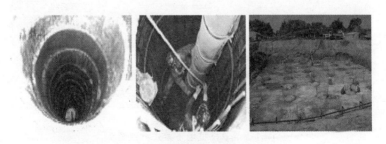

图 1-7 钢筋混凝土挖孔桩基础

第1-4问 什么是桩基础承台？什么是承台梁？

设置在单桩或群桩顶的钢筋混凝土台板称为桩基础承台，如图1-8a、b所示。承台连接上部结构柱，形如独立基础，称作柱下板式承台；承台与上部墙体相连接的，称为墙下梁式承台，即为承台梁，如图1-9a、b所示。它们的作用都是将上部结构荷载通过承台均衡、可靠地传给各桩，并将各单桩连成整体，因此承台应有足够的强度与刚度，所以说承台是桩基础的重要组成部分。承台厚度通过冲切、剪切强度计算确定，不宜

a)   b)

图1-8 群桩桩基础板式承台图示

a）绑扎中的桩基础板式承台钢筋 b）浇筑完成的板式混凝土承台

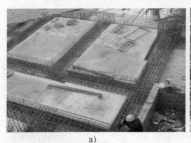

a)   b)

图1-9 单排桩墙下梁式承台图示

a）绑扎中的墙下梁式承台钢筋 b）浇筑完成的梁式混凝土承台

小于 300mm。承台面积的大小由桩排列决定，形状与桩基布置和数量有关，一般承台为矩形或方形，若是三个桩呈三角形布置，则承台为三角形，如图 1-10 所示，承台宽度不宜小于 500mm，边桩与承台边缘净距不小于 0.5 倍桩径，各桩顶必须伸入承台内不小于 50mm，桩头钢筋锚入承台长度应满足锚固长度要求，一般不小于 30 倍桩的主筋直径，如图 1-11 所示。

图 1-10 三角形式桩基础混凝土承台图示

图 1-11 桩头钢筋伸入承台钢筋中图示

第 1-5 问 什么是筏形基础？这种基础形式的优点是什么？

当地基较软弱、荷载较大，不宜采用独立基础，或有地下室时，可将基础底板连成一片，而成为筏形基础，如图 1-12a、

图 1-12b 所示。筏形基础通常做成等厚度的钢筋混凝土平板。当柱之间设有梁时，则称为梁式筏形基础，其形如倒置的肋形楼盖，如图 1-12b 所示；当柱间不设梁时为柱下（无梁式）筏形基础，如图 1-12a 所示。由于筏形基础连成一片，整体性好，能调整基础各部分的不均匀沉降。一般在高层建筑中采用较多。

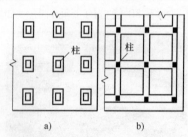

图 1-12 筏形基础形式示意图

a）无梁式 b）梁板式

第 1-6 问 什么是箱形基础？这种基础形式的优点是什么？

当地基较软弱、荷载很大时，将基础做成由钢筋混凝土整片底板、顶板和钢筋混凝土纵横墙组成的称为箱形基础（见图 1-13、图 1-14）。箱形基础犹如躺在地基上的巨大钢筋混

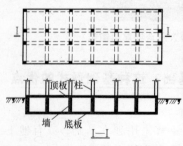

图 1-13 箱形基础示意图

图 1-14 施工中的箱形基础

凝土空心板，整体性好，具有很强的抗弯能力，使上部结构不易开裂。地下空间作为地下室功能利用，此种基础常在高层建筑及重要构筑物中采用。

第1-7问 什么是地梁？什么是基础连梁？

搁置在框架或排架结构的独立基础上，或是与独立基础地下短柱连接的钢筋混凝土梁称作地梁（见图1-15）。地梁是承载底层围护结构的荷载，并传递给基础的重要构件，也是下部结构的连系构件，起到结构整体稳定作用。

基础连梁是设置在条形基础顶面的梁，也称作基础圈梁。一般在砖混结构砖或毛石条形基础中常见到（见图1-16）。基础连梁主要是加强基础整体性，防止遇有局部地基下沉时，上部墙体结构开裂或破坏。

图1-15 施工完的地梁示意图

图1-16 基础连梁示意图

第1-8问 一般民用建筑工程按高度分类有几种？它们是如何确定的？

民用建筑按地上层数或高度来分类，可划分为：

1）低层住宅建筑：一层至三层住宅建筑。

2）多层住宅建筑：四层至六层住宅建筑，一般高度大于10m而低于或等于24m。

3）小高层（也称中高层）住宅建筑：七层至九层住宅建筑，一般高度不大于28m。

4）高层建筑：十层及十层以上住宅建筑，一般高度在28~100m。

5）超高层建筑：高度大于100m的民用建筑。

第1-9问 什么是砖混结构？

砖混结构是在传统的砖石结构基础上，加入了当代钢筋混凝土构件融会一体的建筑结构。其结构的主要特征是：承重墙体采用砖砌体，楼盖和屋盖采用预制或现浇的钢筋混凝土板。在多层房屋中为提高建筑物的整体性和抗震能力，在墙体拐角和每层楼板处分别加设构造柱和圈梁（见图1-17）。这种结构抗震性较差，因此，在城市建设中，特别在抗震设防地区已很少采用。

构造柱的设置

图1-17 砖混结构房屋示意图

第 1-10 问 什么是构造柱？有何作用？

砖混结构中在内外墙交接处，门厅、楼梯间的端部设置钢筋混凝土柱，此处墙体端面砌成马牙槎，且留设锚筋与柱相连接，此柱称为构造柱。构造柱不是房屋结构的主要承重构件，但它可大幅度提高结构极限变形能力，使原来比较脆性的墙体，具有较大的延性，从而提高结构抗地震水平作用的能力。构造柱设置数量与房屋层数、区域设防地震烈度有关，砖墙构造柱的最小截面尺寸为 240mm×180mm，混凝土强度等级不低于 C15，具体构造如图 1-18 a、图 1-18b 所示。

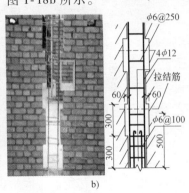

a) b)

图 1-18 构造柱

a）构造柱设置位置示意图 b）构造柱与墙体连接示意图

第 1-11 问 什么是圈梁？有何作用？

砖混结构房屋中，在每层楼板处的纵横内外墙上设置水平封闭的钢筋混凝土梁，此梁称为圈梁。圈梁的作用主要在于提高砖混结构房屋的整体性，与楼板连成一体，并与构造柱相交连接，形成对砖墙的约束边框，从而使纵横墙保持一个整体，增强了房屋的整体性，提高砖墙的抗震能力和楼盖的水平刚度。同时圈梁对限制墙体斜裂缝的开展和延伸、减轻地震时地基不均匀沉陷对房屋的不利影响等有重要作用。从而防止或减轻墙体坍塌的可能性,详见图1-19a、图1-19b所示。

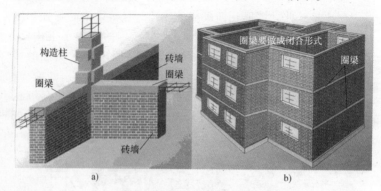

图1-19 圈梁

a) 构造柱与圈梁连接示意图　b) 房屋层间圈梁设置示意图

第1-12问　什么是框架结构?它的结构性能与使用特点是什么?

框架结构是由纵梁、横梁和柱组成的结构(见图1-20a、图1-20b),它与传统的砖混结构相比,结构强度高,延性好,整体性好,抗震性能高。但由于框架结构受水平荷载(例如风力)作用下,显现出强度低、刚度小、水平变位大的特点,被称为柔性结构体系。一般适用于多层、小高层建筑,规范规定抗震设防烈度8度地区,现浇结构不超过45m,约14层左右。若用于非地震区则可达60m,约20层建筑。

框架结构建筑使用特点:可提供较大的空间,平面宽畅,布置灵活,可满足不同生产工艺和使用要求。特别适用于多层工业厂房和仓库,一般常用于小高层的民用住宅、公用及商业用房、轻工业厂房等建筑物结构。框架结构按建筑面积混凝土

消耗量约为 $0.36m^3/m^2$ 左右。

图 1-20　框架结构

a）框架结构内景　b）框架结构外貌

第 1-13 问　框架梁、柱在建筑结构中起什么作用？

　　框架梁、柱是房屋建筑中重要受力构件，框架梁承载着楼层的荷重，并将楼层荷重传递给框架柱，这样层层传递，直至传递到底层柱，再由底层柱传递给基础，这也说明了为什么下面柱比上面的柱要大的原因。因此，在房屋结构中柱子是主要承重构件，起到防止柱倒屋塌的关键作用。框架结构中受力核心部位在梁与柱子连接的接头处，此处是梁将楼层荷重传给柱的重要节点，受力大而复杂。同时，柱与周边梁连接，周边梁的钢筋伸入柱中，从而使柱接头处钢筋、钢箍配置较密集，给浇筑、振捣混凝土造成一定困难，如图 1-21 所示。因此，这就充分说明梁与柱的连接接头，是框架结构中最重要的结构受力核心部位，必须确保梁、柱连接接头的断面尺寸设计要求。准确按图样要求支设安装模板，是保证梁柱接头质量的前提条件之一。同时必须确保梁柱受力核心区混凝土的浇筑质量。图 1-22 是框架结构受震后在梁柱接头处破坏的情况。

图 1-21　框架梁柱接头
钢筋交叉密集

图 1-22　框架柱梁接头
受震破坏状态

第 1-14 问　什么是框架剪力墙结构？它的结构性能与使用特点是什么？

　　框架剪力墙结构又简称框剪结构，它是在框架纵、横方向的适当位置，在柱与柱之间设置几道厚度大于 120mm 的钢筋混凝土墙体而成的。在框架中增设了抗侧力刚度很大的墙体，结构体系的抗侧力刚度大大提高，房屋在水平荷载作用下的侧向位移大大减小，因此这种结构体系也称为半刚性结构体系，如图 1-23 所示。

图 1-23　框架结构中设置的部分剪力墙

在整个体系中框架主要承受竖向荷载，也承受部分水平荷载，而剪力墙将承担绝大部分水平荷载（风荷载或地震力作用），使剪力墙和框架充分发挥各自的作用。这种结构形式的延性、整体性和抗震性均好于框架结构，同时具有框架结构平面布置灵活的特点，因此，被广泛应用于民用、公用高层建筑中。一般用于 25 层以下为宜，最高不超过 30 层。框剪结构按建筑面积混凝土消耗量约为 $0.4m^3/m^2$ 左右。

第 1-15 问　什么是剪力墙结构？结构性能与特点，剪力墙主要作用是什么？

当房屋建筑层数高于 25～30 层后，横向水平荷载相对加大，采用框剪结构中再增加几片墙已满足不了要求，因而就设计出另一种结构形式——剪力墙结构。剪力墙结构是由纵向、横向的钢筋混凝土墙、梁、柱暗埋在墙体内所组成的结构，这种结构整体性、抗震性比框架及框剪结构更高一些，但平面布置受墙体分隔限制，适用于民用住宅或公寓、旅馆等高层建筑（见图 1-24 a、图 1-24b）。规范规定抗震设防烈度 8 度地区，现浇结构不超过 100m。

a)　　　　　　　　　　　　　　b)

图 1-24　剪力墙结构

a) 剪力墙组装完的钢筋模板　b) 剪力墙建筑结构

剪力墙设计成不同厚度（一般 200~350mm）的钢筋混凝土墙板，在剪力墙结构体系中主要承担建筑物受水平荷载（风荷载或地震力）作用时，产生侧向位移所引起的剪力。因此，剪力墙能大大提高建筑物抗侧向力刚度。由于墙板主要承受剪力作用影响，破坏时裂缝呈斜向约 45°交叉状，如图 1-25 所示。

图 1-25　墙面受地震水平力冲击剪力作用产生的斜向交叉裂缝

第 1-16 问　什么是内浇外砌、内浇外挂和全现浇结构形式？各有什么特点？

在 20 世纪 70 年代末 80 年代初，根据我国抗震设防和建筑工业化要求，建筑业开展墙体革命和施工技术革新。从而出现了内浇外砌、内浇外挂和内外墙体全现浇的结构形式。

1) 内浇外砌结构形式。是在砖混结构基础上，为提高建筑物抗震性，将内纵横墙设计成现浇钢筋混凝土墙体，作为承重墙，采用大模板施工工艺。而外墙保持砌砖或其他材料砌体，内外墙通过构造柱、圈梁及预埋拉结钢筋连成整体。这种结构形式，施工技术及操作工艺简单，钢筋、水泥材料消耗相对比内浇外挂和全现浇结构形式要少，工程造价相应较低。但手工作业量较多，施工速度较慢。通常用于多层住宅建筑工程中。

2）内浇外挂结构形式。是将外墙设计成整间预制钢筋混凝土大墙板，在工厂中生产，运至现场吊装就位。内纵横墙为现浇钢筋混凝土墙体，是一种预制装配与现浇相结合的结构形式。由于外墙板在工厂预制，并通常将保温层和外墙面装饰层在预制时同时完成，减少了现场操作工序和高处作业量，加快了施工进度和促进了文明施工；内墙采用现浇混凝土施工工艺，保证了结构的整体性。但这种结构形式用钢量较大，增加运输和吊装工作量，造价相对较高。

3）内、外墙体全现浇结构形式。是将外墙和内纵横墙全部采用现浇钢筋混凝土结构，使用大模板组装浇筑的施工工艺。由于一起安装大模板并浇筑混凝土，施工缝隙少，墙体整体性强，抗震性能好，施工技术工艺比较简单。同时一般外墙体材料都采用普通混凝土，因此需要作外保温层处理，保温效果较好，能达到节能降耗的目的，工程造价相对比内浇外挂形式较低。但也增加高处作业量，此外所用模板型号较多，周转较慢。

第1-17问 地下室由哪些构件组成？如何标志层数？混凝土施工有什么要求？

一般在高层建筑底下均设有地下室，作为高层建筑物的承重基础。高层建筑受水平荷载作用后，需埋入地底下一定嵌固深度，抵抗建筑物倾覆。地下室一般由钢筋混凝土底板、外墙、内墙或框架梁柱、顶板组成。根据结构深度或使用要求，一般设计一至三层，也有更多层的。地下层数名称或叫法，接近地面的层称作负1层，常用"B"代号，则写作B1，再下面的层为负2层，写为B2，以此类推。

对地下室混凝土施工的要求：

1）由于地下室处于特殊环境，常受地下水的浸泡，因此，地下室底板、外墙均设计成抗渗防水混凝土。

2）地下室外墙和底板浇筑必须有次序地连续进行，施工接槎不得停歇过长，防止出现冷缝而造成渗漏等质量事故。

因此，在支设安装地下室外墙模板时，采用对拉螺栓连接内外墙模板，要严格按模板施工方案要求，采用有止水措施的对拉螺栓。

第1-18问 什么是悬挑结构？浇筑混凝土要注意什么？

在生活中我们可能会听到过某某工程阳台坍塌（俗语奄拉门帘）事故，雨篷、阳台等构件，一端与柱（墙）连接，另一端悬空，投入使用时其埋入柱（墙）端悬挑梁板的根部上端，将承受全部的弯矩，即受力最大，如图1-26a、图1-26b所示。悬挑结构要达到设计强度100%才能拆模。在浇筑这类结构时要注意混凝土不得集中布料，防止受力主筋压缩变形。混凝土坍落度严格控制，确保28d达到设计强度。

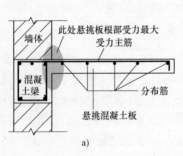

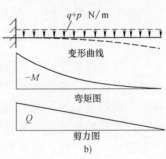

图1-26 悬挑结构

a）悬挑混凝土结构示意图 b）悬挑结构应力示意图

第 1-19 问　什么是建筑荷载？它是怎么分类的？

建筑物在施工过程中和使用时所受到的各种外力称为荷载。

建筑物中的荷载从性质上可分为两大类：一类叫静荷载；一类叫活荷载。

静荷载在建筑物上是不变的荷载，如屋面、梁柱、楼板自重等。

活荷载即是在建筑物上可变的或经常在发生变化的荷载，如楼面上的人群、室内的家具、施工时的人机具材料的重量、屋面上的积雪、风力等。房屋建筑荷载如图 1-27 所示。

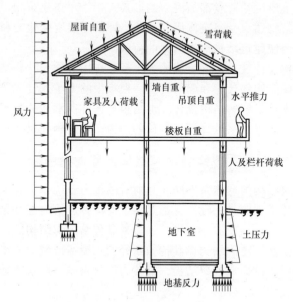

图 1-27　房屋建筑的荷载

无论静荷载或活荷载，若按荷载作用方向还分为竖向（垂直）荷载和水平荷载两类。建筑物中大部分荷载都属于竖向荷载，如梁柱、楼板自重，机具材料的重量，屋面上的积雪等；风力、地下室外墙承受的土压力、地震冲击波等都属于水平荷载。

荷载如按作用的形式可分为集中荷载和均布荷载两大类。

集中荷载：即点荷载，力集中在一点，如次梁搁置在主梁上传给主梁的荷载，楼板上的固定设备的荷载等。

均布荷载又可分为线和面均布荷载两种。线分布荷载：荷载均匀地分布在一条线上，如楼板搁置在梁上的荷载；面荷载：也称面分布荷载，荷载均匀地分布在平面上，如楼盖的荷载。

以上所说的荷载都是以力的形式直接作用在建筑物上的荷载。建筑物还承受间接作用的荷载，即由于温度变化、材料收缩等原因使建筑结构产生内力的荷载。

结构设计就是根据荷载的大小及其作用方式来计算结构的内力，确定构件尺寸和配筋构造。模板中的大小龙骨、背楞和立柱等支撑系统的结构设计，也是根据构件所承受的荷载的大小及其作用方式来计算模板构件的内力，确定构件尺寸。

第1-20问　建筑结构荷载是怎样传递的？

建筑结构构造体系不同，其荷载的传力系统也不相同，但荷载的传递方向是一致的，都是自上而下传递给地基基础。也有另类，地震冲击波作用则是通过基础传给上部结构。

对于多层砖混结构，其传力途径为：屋盖或楼盖—墙体—基础。对于排架或框架结构，其传力途径则是：屋盖或楼盖—梁—柱或墙—基础。

1）屋面荷载的传递途径。屋面上的荷载有自重、风荷载、雪荷载和活荷载（人、施工荷载或设备）等。屋盖上的荷载传递路径是：屋面板传给檩条，再传给屋架，或是（无檩条的屋面）由屋面板直接传给屋架，再由屋架传给柱子或墙体。砖混结构无屋架则屋面直接传给墙体。

2）楼面荷载的传递路径。楼面上的荷载有自重、设备和活荷载等，由楼面传给次梁，由次梁传给主梁，再由主梁传给柱或墙（多层砖混结构楼板直接传给墙体）。

水平荷载种类较多，如风荷载、起重机制动荷载、地震作用等。水平荷载的传递途径比较复杂，一般情况通过屋盖或楼板水平力的传递，作用在梁上或墙上，然后传给墙或柱。

从上述荷载传递途径可以看出，所有荷载都是通过墙或柱传给基础，再由基础最后传给地基，如图 1-28 所示。因此，对于房屋结构来说，承重墙和柱子的质量特别重要，它关系到建筑物全局的安全，而楼板、屋盖等构件只涉及局部的安全问题。

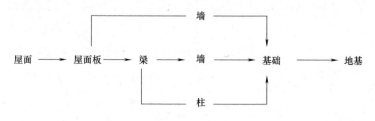

图 1-28　建筑荷载传递路线示意图

第 1-21 问　什么是构件的内力、内应力？内力有哪几种基本形式？

作用在建筑结构上的外力，会引起结构构件的变形，从而使构件截面内产生的力，这个力称为内力。而结构中不同形式的变形，将会出现拉伸、压缩、弯曲、剪切、扭转五种基本形式的内力。这五种内力有的单独存于构件截面上，多数情况的构件截面上有两种或三种形式的内力组合存在。因为各种构件所处位置不同，其截面上所受的内力也不一样，有的主要受压，如柱子；有的主要受拉，如屋架的下弦杆；有的在同一截面一部分受压，另一部分受拉，如楼板、梁等。

内力能够说明构件受力的大小，但不能说明它真正受力的状况，因为构件截面大小的不同，无法单凭内力的大小来判断构件是否破坏。因而就引入了应力这个概念，即构件截面中单位面积上的内力称为内应力。拉力产生拉应力，压力产生压应力等。设计时通过计算，控制应力在允许范围内来确定构件的截面尺寸和配筋。

第1-22问 什么是跨距？它与构件受力有什么关系？

通常见到的楼板的两端搁置在墙或梁上、梁两端搁置在柱子或墙上，被搁置的墙、柱称作梁、楼板的支座，也称为支点。支座（支点）之间的距离称为梁、板的跨距（跨度），如图1-29所示。

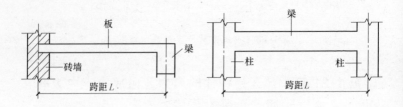

图1-29 梁、板跨距示意图

梁、板受荷载作用后会产生弯曲变形，向下弯曲，弯曲变形的程度称为挠度。一般情况构件的跨中部分弯曲变形最大，则挠度最大，如图 1-30 所示。所以把梁、板称为受弯构件。由于弯曲变形使构件产生内力，即产生弯矩和剪力。构件弯曲变形最大处弯矩值最大，但剪力则相反。

梁、板在荷载作用下产生弯曲变形大小与跨距成正比，在同截面同荷载情况下，构件弯曲变形随跨度增加而增大，构件内力弯矩也增加。在房屋建筑中为保证房间空旷和开间尺寸，通常保持跨距不变，采取加大构件高度来解决挠度大的问题。

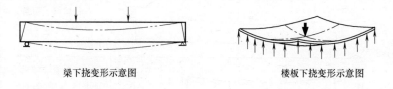

梁下挠变形示意图　　　　　　　　楼板下挠变形示意图

图 1-30　梁、板受荷载作用产生弯曲变形示意图

梁、板等受弯构件在弯矩作用下，截面上会产生两种内应力，截面上部产生压应力，截面下部产生拉应力。混凝土的力学性能是抗压强度大，抗拉强度弱，只相当于抗压强度的十分之一左右。因此，采用钢筋来替代混凝土抵抗拉应力，也就是混凝土梁、板底部配置受力主筋的道理。

模板工程的面板、龙骨、木档、背楞等，其受力性质都属于受弯构件。木材的力学性能是抗压强度双向差不多，但抗拉强度顺纹高于横向，也就是面板下小龙骨必须垂直于面板顺纹方向铺设的道理。

受弯构件受荷载作用其破坏过程见表 1-1。

表 1-1 受弯构件破坏过程

阶段	简　　图	应力图	工作状况
Ⅰ		M_1	弹性工作,构件未开裂
		M_f　　R_f	构件即将开裂
Ⅱ		M_2　$<R_g$	构件开裂,拉力全部由钢筋承担
		M_3　　R_g	钢筋屈服。裂缝显著扩大,挠度显著增加
Ⅲ		M_p　　R_g	钢筋屈服。随后受压区压坏,构件破坏

第 1-23 问　什么是建筑施工图? 与模板施工有关的施工图有哪些?

建筑施工图是由具有一定资质的设计院设计,并经有关审图部门审核通过,供建设、施工单位进行工程建设施工用的设计图,是具有法律效力的设计文件。

一套完整的施工图包括:施工图目录、施工总说明(建筑图说明和结构图说明)、总平面图、建筑图、结构图、给水排水图、暖通图、电气照明图和外网及厂区道路图等。

与模板施工有关的施工图有:

1)建筑总说明与结构总说明,主要了解本工程的特点和相关的国家标准和规范。

2）施工平面图、立面图与剖面图，主要了解本工程建筑物平面形状、内部平面布局、层数、高度，以及建筑构造，如基础、柱、梁、墙、板、楼（电）梯等具体位置和相关尺寸等。

3）结构施工图和节点大样图，主要了解本工程基础柱、梁、墙板的详细做法和它们之间连接方式；节点大样图是平面图、立面图、剖面图和结构图无法表示的具体细部构造尺寸和做法的详图。

第1-24问 看施工图时需要注意哪些问题？

1）在建筑施工图中设计者一般是按比例绘制图样的，如平面图的一般比例为 1∶100 或 1∶200，也就是图中的 1cm 相当于实际 100cm（即 1m）或 200cm（即 2m）。

2）轴线问题：建筑轴线是为定位建筑平面而设定的，也称定位轴线，并有轴线编号。平面图上定位轴线的编号，横向编号应用阿拉伯数字，从左至右顺序编写，竖向编号应用大写拉丁字母，从下至上顺序编写（见图 1-31）。组合较复杂的平面图中定位轴线也可采用分区编号，编号的注写形式应为"分区号-该分区编号"。分区号采用阿拉伯数字或大写拉丁字母表示。

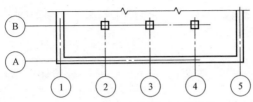

图 1-31　定位轴线顺序编号

3）标高问题：标高表示建筑物各部分的高度，是建筑物某一部位相对于基准面（即以底层地面标高设计为零点±0.000为基准）的竖向高度，是竖向定位的依据。在施工图中用等腰三角形符号表示，三角形的尖端或向上或向下，指向一水平线，尖端处水平线即为该处的设计标高线，设计标高数字标注在三角形上方。

查找标高的注意事项：

① 总平面图室外整平地面标高符号为涂黑的等腰直角三角形，标高数字注写在符号的右侧、上方或右上方。

② 底层平面图中室内主要地面的零点标高注写为±0.000。低于零点标高的为负标高，标高数字前加"－"，如－0.450。高于零点标高的为正标高，标高数字前可省略"＋"，如3.000。

③ 在标准层平面图中，同一位置可同时标注几个标高（即表示各层标准层的标高）。

④ 标高符号的尖端应指至被标注的高度位置，尖端可向上，也可向下（见图1-32）。

⑤ 标高的单位为米。

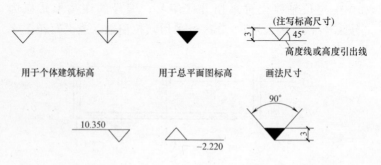

图1-32　标高符号

4）关于补充说明的问题：有时图样中有补充说明的，要把补充说明和图样总说明详细对照，充分理解设计意图，避免出差错。

第1-25问　**如何在施工平面图中看懂有关尺寸的标注？**

建筑施工平面图外部通常在纵向和横向各标注三道尺寸。最外一道尺寸标注的是房屋建筑的总长、总宽，称为总尺寸；中间一道尺寸标注房屋的开间、进深，称为轴线尺寸（通常两横墙之间的距离称为"开间"；两纵墙之间的距离称为"进深"）。最里边一道尺寸标注房屋外墙的墙段及门窗洞口尺寸，称为细部尺寸，如图1-33所示。

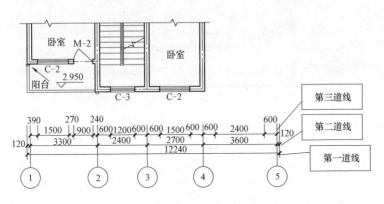

图1-33　平面图的三道线

第1-26问　**如何在立面图中看懂有关尺寸的标注？**

建筑立面图主要显示建筑物的外立面造型，因此立面图上则表示装饰造型的标高尺寸。一般标注包括：屋顶、屋檐、腰线、阳台、窗台和室内外标高等标高及相关尺寸。通过立面图建设者对房屋建筑的外观体貌有个完整的印象和认识。以图 1-34 为例，给人第一印象是：这是一栋高低错落、坡屋面造型很美，但结构较复杂的三层小楼；从标注的尺寸可了解到，房屋总高 9.8m，宽 12m；檐高 8.0m，中间分别在 2.8m 和 5.8m 处有两道宽 0.4m 的腰线；室内外高差 0.45m；主室窗台离室内地面 600mm，旁室小窗台标高分别为 1.5m 和 4.5m，一、二层窗高分别为 1800mm 和 2200mm 等尺寸。

图 1-34　立面图尺寸

第 1-27 问　如何在剖面图中看懂有关尺寸的标注？

剖面图表示被剖切面处房屋的构造立面图，竖向标注的尺寸主要表示结构构造相对位置及高度，如屋面、门窗口、各层楼面、底层地面、室外地面、雨篷等标高和相关尺寸。横向则表示剖切面处的外、内墙轴线关系尺寸。因此，通过剖面图确定门窗过梁、圈梁、檐口、楼梯平台、楼梯间顶面和电梯间顶面等标高，如图 1-35 所示。

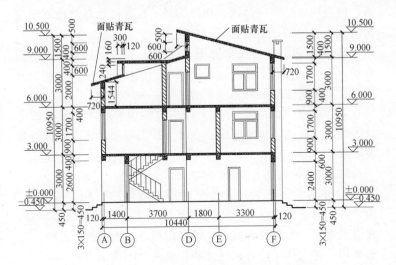

图1-35 剖面图

第1-28问 结构施工图包括哪些内容？

结构施工图是模板工必须要重点看懂的图样，因为它是主要表达房屋建筑骨架构造的设计图，其内容包括：结构设计总说明，基础结构图，主体结构图，结构标准图等。

1）结构设计总说明主要阐述：本工程设计依据，设计±0.000标高所对应的绝对标高值；建筑结构的安全等级；抗震设防类别，采用的设计荷载标准和结构设计规范和标准，采用的通用做法和标准构件图集，施工中应遵循的施工规范和注意事项；地基基础概况及结构设计中对某些构件或部位的材料、施工工艺提出特殊技术要求等。

2）基础结构图中主要表达：

① 基础平面图表示基础（包括桩及承台）、基础梁、地下

墙、柱等构件的轴线位置、构件编号、尺寸、标高及地下预留孔洞或预埋件的位置、尺寸、标高等。

② 基础详图则通过平面图、剖面图、立面图及节点详图表示：基础、桩及承台、筏板、地梁、墙柱的构造详图和配筋图以及细部尺寸和标高。

③ 图面上的说明是针对本图构件的说明，如对材料的品种、规格、性能、抗渗等级，钢筋保护层厚度及施工质量等提出要求。

3) 主体结构图：

① 结构平面图表示：各层楼面和屋面的结构平面布置，梁、柱、承重墙、抗震构造柱等定位尺寸、编号和楼层标高；现浇板配筋、板厚及标高，预留洞位置，屋面上的女儿墙、电梯机房、排气孔等位置、尺寸和标高及详图索引号。

② 结构构件详图通过平面图、剖面图、立面图及节点图，表示构件的具体构造尺寸、标高和配筋，详细的节点构造等要求。

③ 图页上的说明是针对图上件构对材料、品种、性能、混凝土强度等级及特殊技术性能、施工质量等提出的要求或说明。

第1-29问　如何在结构图中看懂有关尺寸的标注？

1) 通过平面轴线与基础平面尺寸间的关系，可以确定独立基础、基础梁以及结构承重墙或构造柱的位置，基础总平面图是基础定位的主要依据。如图1-36所示，基础平面图中显示有独立柱基础（标注ZJ）、条形基础（标注J）、基础梁（标注JL）、柱（标注Z）、构造柱（标注GZ）等，通过平面轴线尺寸确定了它们的位置和相互之间的关系。

2) 按编号找到该基础或构件详图。从详图的平面图、剖

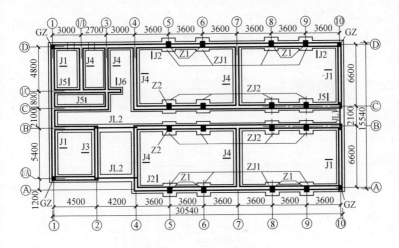

图 1-36　基础平面图

面图中可知道该基础或构件的平立面形状、截面及细部尺寸和
（底）标高，以及结构钢筋配置要求等；若有预埋件，在图中
可知其位置、规格、数量和标高。基础或构件详图是模板制作
安装的主要依据的施工图，如图 1-37 所示。

3）通过结构平面图找出定位轴线、梁、柱、承重墙、
构造柱的定位尺寸和各楼层标高、现浇楼板的厚度、配筋
及预留洞口位置和尺寸等；当选用标准图时可根据图中编
号找出所对应的标准图及节点构造详图。图 1-38 是框架结
构平面布置图，图中涂黑方块表示框架柱平面位置，轴线
间标注的尺寸即是柱中心之间的距离，柱旁标注的 Z1 或
Z2 为柱子编号，柱子具体构造尺寸、配筋按柱子编号另找
施工详图；图中柱之间的连线表示框架梁，旁边标注有梁
的编号、梁的截面尺寸、配筋数量与规格等，梁的长度即
是梁所在位置的柱距。例如图中 2/A-B 轴间，柱间距为

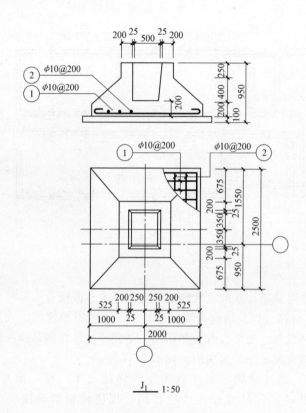

$\dfrac{J_1}{}$ 1:50

图1-37 杯形基础平面详图

3900，2/A轴为Z2柱，2/B轴为Z3柱，两柱间框架梁编号KL4，梁截面为240×500，梁净长为3900-（Z3柱宽+Z2柱宽）×1/2，位置与2轴线居中。图中有的梁位是偏中的，如外周边的梁，通常是梁外侧边与柱边是对齐的，这是因为砌筑墙体需要。

4）通过钢筋混凝土构件详图，按结构平面图中构件编

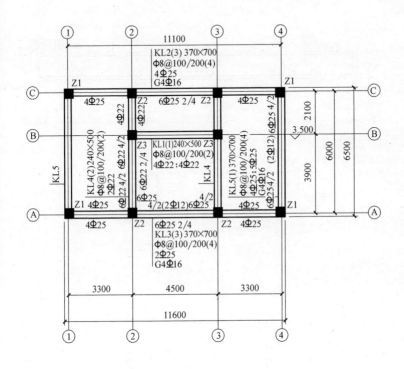

图 1-38　框架结构平面图

号，可找出相应现浇混凝土构件的剖面图、断面图来确定该构件的长度、定位尺寸、断面尺寸和标高，具体配筋施工图及强度等级要求等，如图 1-39 所示。混凝土构件详图是制作模板的主要技术依据。

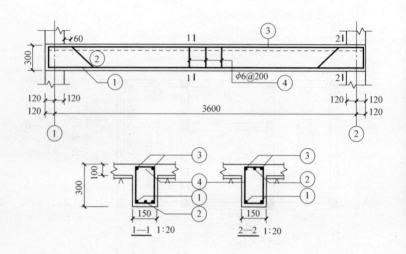

图 1-39 钢筋混凝土构件详图

第 1-30 问　如何看懂建筑构造节点详图？

　　建筑构造节点详图是表达建筑各构件之间连接的详细构造要求和具体做法，是保证建筑房屋使用安全的重要技术文件。首先要注意建筑图上的节点详图索引号，了解所要找的节点详图编号及所在施工图的图号，准确掌握节点详图的位置，然后按找到的节点详图的细部构造要求和具体做法进行施工。节点详图如图 1-40 所示。

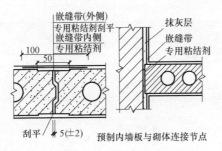

图 1-40 节点详图

详图索引符号如图 1-41 所示。上图的索引号表示详图号 5,详图位置在同一个施工图上去找。下图的索引号表示详图号 5,详图位置在施工图 3 号图上。

图 1-41 索引号

住宅建筑节点详图往往设计成通用的标准图集,供设计人员采用。因此,在施工图上索引号中标注有标准图集号及详图所在的页号,从而可找到该详图。标准建筑节点详图集,通常有外墙节点图、楼梯门窗、栏板(杆)、扶手、厨房、厕所等。

第 1-31 问 建筑工程在施工图中,建筑构件名称代号及有关图例有哪些?

常用的建筑构件名称代号见表 1-2。

表1-2　常用的建筑构件名称代号

序号	名称	代号	序号	名称	代号	序号	名称	代号
1	板	B	19	圈梁	QL	37	承台	CT
2	屋面板	WB	20	过梁	GL	38	设备基础	SJ
3	空心板	KB	21	连系梁	LL	39	桩	ZH
4	槽形板	CB	22	基础梁	JL	40	挡土墙	DQ
5	折板	ZB	23	楼梯梁	TL	41	地沟	DG
6	密肋板	MB	24	框架梁	KL	42	柱间支撑	ZC
7	楼梯板	TB	25	框支梁	KZL	43	垂直支撑	CC
8	盖板或沟盖板	GB	26	屋面框架梁	WKL	44	水平支撑	SC
9	挡雨板或檐口板	YB	27	檩条	LT	45	梯	T
10	吊车安全走道板	DB	28	屋架	WJ	46	雨篷	YP
11	墙板	QB	29	托架	TJ	47	阳台	YT
12	天沟板	TGB	30	天窗架	CJ	48	梁垫	LD
13	梁	L	31	框架	KJ	49	预埋件	M
14	屋面梁	WL	32	刚架	GJ	50	天窗墙壁	TD
15	吊车梁	DL	33	支架	ZJ	51	钢筋网	W
16	单轨吊车梁	DDL	34	柱	Z	52	钢筋骨架	G
17	轨道连接	DGL	35	框架柱	KZ	53	基础	J
18	车挡	CD	36	构造柱	GZ	54	暗柱	AZ

注：1. 预制混凝土构件、现浇钢筋混凝土构件、钢构件和木构件，一般可直接采用表中的构件代号表示。在绘图中，当需要区别上述构件的材料种类时，可在构件代号前加注材料代号，并在图纸上加以说明。

2. 预应力钢筋混凝土构件的代号，应在构件代号前加注"Y-"，如Y-DL表示预应力钢筋混凝土吊车梁。

常用建筑构造及配件图例见表1-3。

表1-3　建筑构造及配件图例

序号	名称	图　例	说　明
1	墙体		应加注文字或填充图例表示墙体材料，在项目设计图说明中列材料图例表给予说明

（续）

序号	名称	图　例	说　明
2	隔断		1. 包括板条抹灰、木制、石膏板、金属材料等隔断 2. 适用于到顶与不到顶隔断
3	栏杆		
4	楼梯	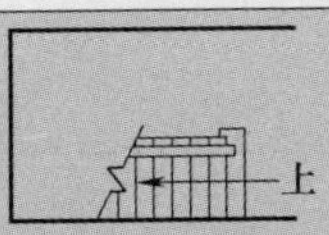 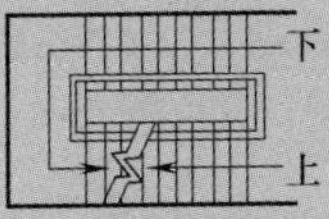 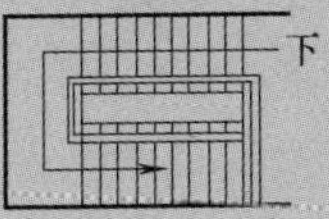	1. 上图为底层楼梯平面，中图为中间层楼梯平面，下图为顶层楼梯平面 2. 楼梯及栏杆扶手的形式和梯段踏步数应按实际情况绘制
5	烟道	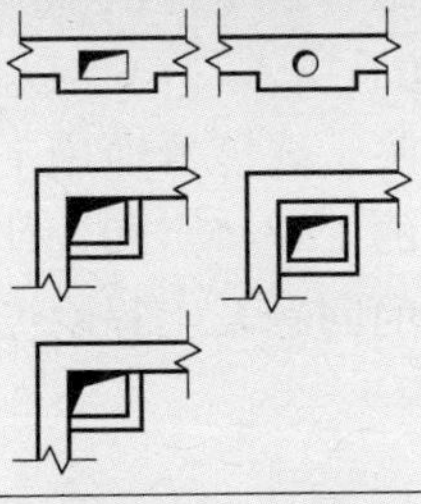	（1）阴影部分可以涂色代替 （2）烟道与墙体为同一材料，其相接处墙身线应断开
6	风道	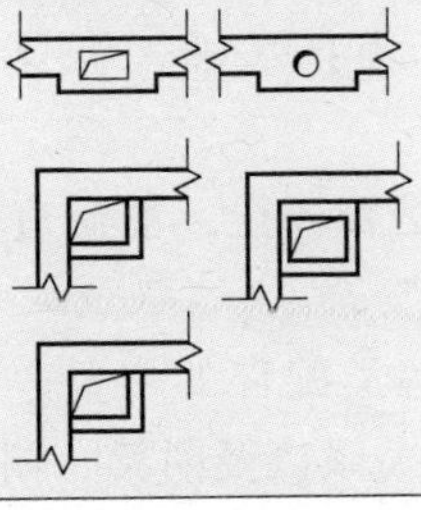	

37

(续)

序号	名称	图例		说明
7	孔洞	◩	◯	阴影部分也可填充灰度或涂色代替
8	坑槽	◸	◯	—

第1-32问　图纸会审的目的是什么？审查图纸时应注意哪些事项？

在工程开工前，建设单位要组织设计、施工和监理单位的相关技术部门进行施工图纸会审。图纸会审的目的是在正式施工前，把各单位在施工图中发现的问题，通过会议确认并加以解决。因此，模板工应配合技术部门事前做好施工图审查，找出存在问题，提供给施工技术部门，以便在会审时解决。因此，要做好模板工程，除了要能看懂施工图外，还应学会审核施工图，了解施工图中的工程特点和设计意图，并发现施工图中的差错，将可能存在的问题及工程隐患消灭在萌芽中，正确完成施工任务。

审查图纸时应注意：

1）审图的顺序应为：基础—墙身—梁板柱—屋面—构造—细部。

2）先看图纸说明是否齐全，前后有无矛盾差错，轴线标高各部分尺寸是否清楚吻合。

3）建筑物构件和各类配件的位置，注意各部分之间的尺寸，如墙、柱和轴线的关系以及圈梁、门窗、梁板等标高要认真核对。

4）建筑物的构造要求包括：梁、柱、板之间节点做法，墙体与结构的连接，各类悬挑结构的锚固要求，节点大样图是否齐全清楚。

5）注意结构施工图和建筑施工图之间是否有矛盾，所涉及的建筑构件各种类型是否齐全，施工的技术要求是否符合现行规范。

6）注意所需的预埋件的类型、位置和预留洞口是否有矛盾，预埋件是否有遗漏或交代不清楚的地方。

7）注意所涉及的新材料、新工艺，所实施的技术和质量要求与本单位技术水平的差距。施工有无困难，能否保证质量和安全。

8）了解建筑结构和装饰之间的关系，土建工程与设备之间的关系。

9）注意本工种与其他工种之间配合有无矛盾，施工有无困难。

10）注意建筑物地下部分，了解地下室的防水构造。注意穿越的各类管道，如电缆线、煤气管、自来水管等，有无防渗漏等可靠的设计防护措施。

第二篇

建筑模板的基本
知识及常用工具

本篇内容提要

1. 介绍模板的基本分类，各类型模板的材料组成。

2. 介绍在框架和框剪结构中模板的分类及组成。

3. 介绍模板工程支撑系统的材料构成，各种构配件的种类与作用。

第2-1问 什么是模板和模板工程？为什么说模板工程是建筑施工中的重要组成部分？

模板是建筑工程中混凝土结构或钢筋混凝土结构成型的模具，由面板和支撑系统（包括龙骨、桁架、小梁等，以及垂直支承结构）、连接配件（包括螺栓、联结卡扣、模板面与支承构件以及支承构件之间联结零配件）组成。

面板：直接接触新浇混凝土的承力板，如图2-1所示。

支撑系统：要支撑面板的所有荷载，是支撑面板的承力系统，如图2-2所示。

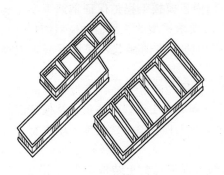

图2-1 平面模板块

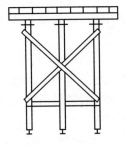

图2-2 支撑系统

连接配件：把面板和支架连接成整体的配件。

模板工程指建筑工程混凝土结构浇筑成型前，需要完成支设模板及搭设模板支承系统，以及结构成型后的拆除模板等的一整套工作。它是建筑工程施工中主要工序之一。其中，接触混凝土并控制预定尺寸、形状、位置的构造部分称为模板；支持和固定模板的杆件、桁架、联结件、金属附件、工作平台等构成支承系统。模板工程在混凝土施工中是一种临时结构，它主要是为混凝土工程服务的。

由于模板是混凝土结构构件的模型，它直接决定了混凝土工程结构外形状态和工程质量的好坏，是混凝土结构施工的主要工种工程。因此，模板是建筑工程施工中工作量大、技术含量较高的一个主要工种，是建筑工程施工的重要组成部分。

第2-2问 模板工程在建筑施工中的作用有哪些？为什么说是保证结构质量的重要因素？

模板工程在建筑施工中的主要作用：

1）在钢筋混凝土结构中，模板工程是保证钢筋混凝土构件能够按设计的形状和尺寸要求成型的一种临时模型结构，它主要承受混凝土施工过程中所产生的荷载，保证混凝土成型质量。

2）模板工程是混凝土工程的前道工序，模板工程的进度和质量关系到工程施工进度和混凝土工程的质量，是保证混凝土施工的前提条件。因此模板工程在整个建筑施工中占有非常重要的作用。

3）模板工程的费用约占现浇混凝土结构工程费用的三分之一左右；支和拆模板的用工量约占混凝土结构用工量的二分之一左右。

因此正确选择模板类型，合理制定模板施工方案，对于保证工程质量、加快施工进度、提高工作效率、降低工程成本和实现文明施工都具有重要的影响。

模板工程质量决定了混凝土工程的成型质量，模板表面是否光滑平整、拼缝是否紧密、支撑是否牢固，决定了混凝土构件表面是否光滑平整和安全文明施工；模板的安装位置、标高和制作的断面尺寸是否准确，决定了成型后的混凝土构件的位置、标高和断面尺寸是否符合设计要求。因此，模板工程是保证混凝土结构成型质量的重要因素。

第2-3问　什么是模板（设计）施工方案？它应满足哪些基本内容和要求？

在建筑工程中，模板工程与别的工程不太一样，一般混凝土结构较小的工程要编一个模板施工方案，较大的混凝土结构工程，必须编制模板施工设计，作为整个施工组织设计的一个重要组成部分。作为一个模板工，不一定要亲自编制模板设计，但应该了解模板施工设计的内容，并在实际操作时认真贯彻执行。

模板设计方案是由工程项目的施工的技术人员，根据工程的施工图和有关设计文件，进行模板和支撑系统设计，并经过荷载计算编制的模板施工方案，是具体指导模板工程施工的技术文件。

模板（设计）施工方案应根据工程的结构形式、荷载大小、地基土类别、施工设备和材料等的条件确定。

1. 模板设计的几种类型

1）对于一般梁、柱、板的模板设计，可根据结构施工图中的具体尺寸和数量进行模板配制。

2）对于形状比较复杂的构件，如楼梯等结构，应按图纸尺寸，1∶1的放大样，并按此比例配制模板。

3）对于形体十分复杂的结构，很难用放大样来配制模板，可采用计算并结合放大样进行配制模板，也可以采用结构表面展开法进行配制模板。

2. 模板设计中应满足的基本要求

1）应具有足够的承载能力和刚度（即抵抗变形的能力），要有足够的稳定性，应能承受新浇钢筋混凝土自重、侧压力和施工中产生的荷载及风荷载。

2）模板构造应简单，装拆方便，便于钢筋绑扎、安装和混凝土浇筑及养护。

3）模板设计要特别注意保证在施工过程中的安全性，并做到不漏浆、不变形、不倒塌。

4）要针对工程具体情况，因地制宜，就地取材，在确保质量和工期的前提下，提高模板的周转率，尽量减小一次性投入，以减少工程成本。

3. 模板（设计）施工方案主要内容

1）确定本工程模板的种类、数量和质量标准，以及周转计划。

2）确定模板支撑结构的形式及有关主要配件的规格、数量和质量标准。

3）绘制模板工程配板图及支撑系统图，确定模板安装顺序和施工方法，保证质量、安全措施。

4）当采用定型木、钢模板时，必须进行配板设计，合理使用各种角模和连接件，并绘制模板配制安装图。

5）对专用工具式模板，如大模板、台模等，要绘制详细的加工制作图，编制模板吊装、运输、安装等技术方案，施工方法和保证质量、安全措施。

6）确定模板拆模顺序和方法，制定模板在拆、运和堆放过程中保证施工安全的具体措施和要求。

第2-4问 模板工程在施工中承受的主要荷载有哪些?

模板工程在施工中承受的荷载主要有竖向荷载和水平荷载两种类型:

1) 竖向荷载。主要作用在楼板模板和梁底模上的荷载有:模板自重、钢筋自重、新浇混凝土自重、施工人员和小型机具设备重量等。

2) 水平荷载。作用在墙模板和梁侧模上的荷载有:浇筑振捣混凝土时产生的振动荷载和混凝土对模板的侧向压力。

3) 风荷载则对整体模板构架系统有影响。

模板工程的构造设计方案应经过对荷载的验算来确定。

第2-5问 什么是模板支撑系统? 由哪些构件构成? 起什么作用?

在建筑施工中,无论是哪种类型的模板工程,对模板面板的形状、定位,都要有比较牢固的各种杆系给予支撑,以保证模板形态、位置固定,增加模板的刚度和稳定性,我们把这些杆系的整体称为模板的支撑系统。支撑系统是模板工程的重要组成部分。

支撑系统一般由小龙骨(小楞、搁栅)、大龙骨(大楞)、支架立柱、外撑、斜支撑、水平支撑、剪刀撑构成(见图2-3)。其中:

小龙骨:是直接支撑面板的小型木方,起到加强面板刚度的作用。

大龙骨:是直接支撑小木楞的结构构件,又称主楞,直接承受小木楞传下的板面荷载,起到承重梁的作用。一般采用钢、木梁或钢桁架。

支撑立柱:直接支撑主楞的受压结构构件,又称琵琶撑、支撑柱或立柱。支撑立柱是模板系统主要受力构件，它将模板系统的全部荷载通过立柱传递给楼板或地面。

外撑、斜支撑、水平支撑、剪刀撑：分别连接支架立柱，抵抗水平推力，保证模板支撑系统稳定的重要杆系。一般采用钢管、木方、木板构成。

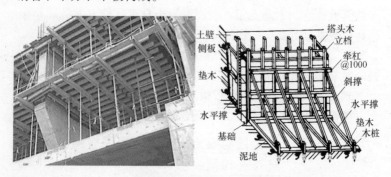

图 2-3　模板支撑系统示意

第2-6问　模板工程在施工中承受的主要荷载有哪些？荷载是怎样进行传递的？

模板工程在施工中承受的荷载主要有竖向荷载和水平荷载。

1）竖向荷载。主要作用在楼板模板和梁底模上的荷载有：模板自重、钢筋自重、新浇混凝土自重、施工人员和小型机具设备重量等。

2）水平荷载。作用在墙模板和梁侧模上的荷载有：浇筑振捣混凝土时产生的振动荷载和混凝土对模板的侧向压力。

3）风荷载则对整体模板构架系统有影响。

模板工程中的荷载传递与建筑结构荷载传递路线相似。

1）楼面模板荷载传至小龙骨→大龙骨→竖向支柱（或梁

侧模与梁荷载一起传递给梁底模支柱）→地面或楼板。

2）墙模板侧向水平荷载传给内背楞→外背楞→对拉螺栓。

3）梁侧模水平荷载传给纵向木楞→梁卡具（或是夹木和斜支撑→立柱顶端横担）。梁底模承受竖向荷载→纵向木楞→支撑立柱→地面或楼面。

4）柱模侧向水平荷载直接传递给柱箍。

5）条形基础、独立基础侧模的水平荷载→水平撑和斜支撑→木桩或基坑壁。

模板工程荷载传递路线与模板构造形式有关，不同的构造形式，传递路线稍有区别。

第2-7问　模板工程中大、小龙骨或内、外背楞等构件的断面和间距是怎么确定的？

模板受到竖向荷载作用后会产生变形，向下弯曲（挠度），见图2-4示意。弯曲的程度与搁置模板的两支点距离相关，支点距离越大，向下挠度也越大，内力弯矩也增大，则杆件内应力也增大，超过允许强度甚至会破坏。变形大，则表明杆件刚度差（即抵抗变形的能力弱）。为减小弯曲变形，只有加大构件断面或缩小支点间距这两种办法。但无限地加大构件断面尺寸，不但占用空间，也浪费材料。只能通过荷载计算，在满足材料允许强度的情况下选择构件断面尺寸，同时经过变形（挠度）验算，在满足允许挠度条件下确定间距（即两龙骨、背楞或支柱间支点距离），这样既满足了构件强度要求，又符合刚度要求。因此，模板施工方案中平面横板中的龙骨（搁栅、木楞）和竖向模板中的背楞、扣件等构配件，以及支撑立柱的间距都是经过计算确定的，不能随意改变。

以上也使我们懂得为什么支设楼板和梁模板时，跨度在 4m 或 4m 以上时，在梁、板模板跨中要求起拱，起拱高度为跨度的 0.2%～0.3% 的道理。以此为模板拆除后构件受荷载情况下，减小梁板向下挠曲变形，满足视觉要求。

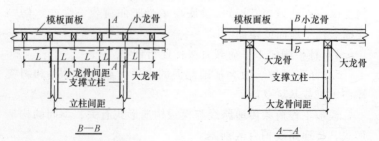

图 2-4 荷载作用下模板、大小龙骨变形形态（虚线部分）示意图

第2-8问 模板工程中支撑立柱、水平拉杆、剪刀撑和斜支撑等杆件起什么作用？

支撑立柱在楼板、梁模板工程支撑系统中是主要的受压杆件。其特点是细而长，杆件断面小，长度长，即长细比较大。这种杆件受压后容易发生纵向弯曲变形（见图 2-5），若弯曲变形过大，最终杆件失稳折断破坏。为缩小立柱杆件的长细比，确保受压后不失稳破坏，采取立杆中间部分用水平拉杆连接固定。水平拉杆上下每隔 2m 设置一道，立柱底部距地面 200mm 设置一道。因此，水平拉杆起稳定支柱立杆的作用（见图 2-6）。

支撑系统立柱和水平拉杆互相连接，都为平行构架，遇风力等水平荷载作用容易左右变形，属不稳定构架体系。因而，在一定距离设置斜拉杆或剪刀支撑，可以控制构架体系左右变形，保证整体支撑系统的稳定性。因此，斜拉杆或剪刀撑起到模板支撑系统保持整体稳定的作用。

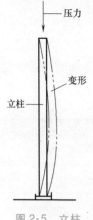

图 2-5　立柱
受压变形示意

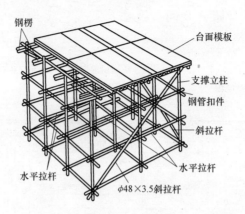

图 2-6　立柱支撑
系统示意图

由于立柱传递给地面或楼面属点荷载，接触面小，力量过于集中，地面或楼面受力后容易产生下沉变形或损坏，因此，要求在立柱底部必须垫较厚的木板或木方，以分散和减小承压力的作用。而立柱与垫板之间的大头楔是用来调整模板标高的。

斜支撑杆件在墙、柱模板中主要起固定模板位置，找正模板垂直度等作用（见图 2-7、图 2-8 示意）；在基础模板和梁侧模中则起到固定模板作用。

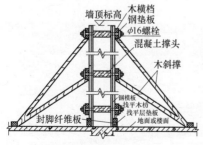

图 2-7　斜支撑固定墙模示意

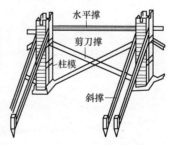

图 2-8　斜支撑固定柱模示意

第2-9问 模板及支撑系统构件的允许承载力与断面尺寸和间距的关系是什么?

1) 不同厚度的木板模板支点间距与容许荷载的关系,见表2-1。

表2-1 木板模板容许荷载参考表 (单位: kN/m)

板厚/ mm	支点间距/mm								
	400	450	500	550	600	700	800	900	1000
20	4.0	3.0	2.5	2.0	—	—	—	—	—
25	6.0	5.0	4.0	3.0	2.5	2.0	—	—	—
30	9.0	7.0	5.5	4.5	4.0	3.0	2.0	—	—
40	15.0	12.0	10.0	8.0	7.0	5.0	4.0	3.0	2.5
50	—	—	15.0	13.0	10.0	8.0	6.0	5.0	4.0

2) 不同断面的木搁栅跨距与容许荷载的关系,见表2-2。

表2-2 木搁栅容许荷载参考表 (单位: kN/m)

断面(宽/mm) ×(高/mm)	跨距/mm						
	700	800	900	1000	1200	1500	2000
50×50	4.0	3.0	2.5	2.0	1.0	1.0	0.5
50×70	8.0	6.0	4.5	4.0	2.5	1.5	1.0
50×100	12.5	12.0	9.0	8.0	5.0	3.0	2.0
80×50	21.5	18.5	15.0	12.0	8.0	5.0	3.0

3) 不同断面的木牵杠跨距与容许荷载的关系,见表2-3。

表2-3 木牵杠容许荷载表 (单位: kN/m)

断面(宽/mm) ×(高/mm)	跨距/mm					
	700	1000	1200	1500	2000	2500
50×100	8.0	4.0	2.5	1.5	1.0	—
50×120	11.0	5.0	4.0	2.5	1.5	—
70×150	24.5	12.0	8.0	5.0	3.0	2.0
70×200	37.0	21.5	14.5	9.0	8.0	3.0
100×100	15.5	8.0	5.0	3.0	2.0	—

注:牵杠系以一个集中荷载测算。

4）不同断面的木顶撑支柱支撑高度与容许荷载的关系，见表2-4。

表2-4　顶撑支柱容许荷载参考表　（单位：kN/根）

支柱断面 /（mm×mm）	支撑高度/mm			
	2000	3000	4000	5000
80×100	34	15	10	
100×100	54	29	20	10
150×150	196	147	88	54

注：木料以红松木材进行测算。

第2-10问　建筑工程模板分哪些种类？建筑市场上常用的模板有哪些？

1）施工模板基本种类有：

① 按组装方式和使用功能分类可分为：工具式模板、组合式模板、胶合式模板、永久式模板。

② 按材料性质分类可分为：木模板、钢模板、塑料模板、铝模板。

2）建筑市场上常用的模板有：组合式定型钢模板、木（竹）胶合面板模板、永久性模板、工具式模板。

① 组合式模板：国内常用的小块组合式钢模板是以一定尺寸为模数，各种不同大小的单块钢模，在施工中可拼接成构件所需尺寸，组合拼装时用U形卡将板缝卡紧，形成一体，此模板具有通用性强，装拆方便，周转次数多等优点，但由于它的拼缝太多，一般均用在基础支模中。

② 胶合式模板：它具有施工方便，拼装简单，板面平整光滑，透气性好等特点。常见的有钢框胶合板模板、无框带肋胶合板模板、木胶合板模板、竹胶合板模板。

③ 工具式模板：一般有大模板、滑升模板、爬升模板和台模板，它具有使用灵活、适应性强等特点，多用于高层建筑

和单体构筑物。

④ 永久性模板：也称一次性消耗模板。在结构混凝土浇筑后模板不拆除，并可成为受力构件的一部分或非受力的部分，它具有施工工序简化、操作简便、不用或少用支撑等特点，大大加快了施工进度，一般多用在钢结构建筑的现浇混凝土楼板中。

第2-11问　什么是木质模板？

木模板是我国在20世纪五六十年代开始使用的非定型模板，它是用木材加工成板材、木方，根据工程构件的形状、规格、尺寸，拼制组装成的模板。可在加工厂或现场制成单元式的拼板在现场拼装，也可以制成几种不同规格的木定型模板（如通常制成1000mm×500mm）到现场组装。木模板完全以手工拼装，施工方法落后，木材消耗较大，如图2-9所示。

近年来，随着胶合板材的出现，我国建筑市场已普遍采用多层胶合木模板和多层胶合竹模板两种木模板形式，木楞可采用木方或轻型钢制作，图2-10是钢框多层胶合板模板示意图。国家专门制定了《混凝土模板用胶合板》（GB/T 17656—2008），对其尺寸、材质、加工工艺等做出了具体规定。由于胶合模板具有加工成形省力，材质坚韧，不透水，自重轻，表面光滑平整，节省木材资源，利废环保等特点，已逐渐取代了木板、木方组成的木模板。

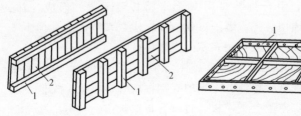

图2-9　木定型模板示意　　　　图2-10　钢框木胶合板示意
1—木档　2—木板　　　　　　　1—钢框　2—胶合板面板
　　　　　　　　　　　　　　　　3—加劲钢肋

第2-12问 木模板配制有什么要求? 常用木制定型模板规格有哪些?

1) 配制木模板的基本要求:

① 用于模板和支撑系统的木材,不得用脆性、受潮后容易变形,或严重扭曲的材料。

② 模板厚度。侧面模板是立放的模板,因其只承受混凝土的侧向压力,其板厚一般采用20~30mm,用作底模的模板,要承受模板和混凝土的自重及施工浇筑等荷载,因而板厚一般采用40~50mm。

③ 拼制模板的板条宽度。工具式模板的木板宽不宜宽于150mm;直接与混凝土接触的木板不宜宽于200mm;用作梁底模的木板,如用整块木板的,其宽度不限制。

④ 木板条拼缝及模板木档要刨平刨直,钉子长度为木板厚度的1.5~2倍,每块木板端头与木档连接,至少钉两个钉子。

⑤ 用作清水模板的板面应在安装前刨平,用于混水模板的板条间板面高差不应超过3mm。

⑥ 配制好的模板在反面应标注编号,写明规格,分别进行堆放,避免错用。

2) 一般定型木模板的规格尺寸参考见表2-5。

表2-5 定型木模板规格尺寸参考

序号	长度/mm	宽度/mm	适用范围
1	1000	300	圈梁、过梁、构造柱
2	1000	500	梁、板、柱
3	1000	600	梁、板、柱
4	900	250	圈梁、过梁、构造柱
5	900	300	圈梁、过梁、构造柱
6	900	500	梁、板、柱
7	900	600	梁、板、柱

注: 用于侧模板的木档一般采用50mm×50mm的木方,木档中心间距为400~500mm。

第2-13问　什么是多层木胶合板？模板用胶合板的种类有哪些？规格和构造有什么要求？

多层胶合板是一种人造板。用涂胶后的单板按木纹方向纵横交错配成的板坯，在加热或不加热的条件下压制而成。层数一般为奇数，少数也有偶数。纵横方向的物理、力学性能差异较小。胶合板有固定的规格，常用的木制胶合板厚度是12mm、15mm、18mm，长度2.4m，宽度90cm和120cm，如图2-11所示。

图2-11　木胶合板

根据《混凝土模板用胶合板》（GB/T 17656—2008）规定，胶合板以面板树种分类可分为马尾松、云南松、落叶松、辐射松、杨木、桦木、荷木、枫香、拟赤杨、柳安、奥克榄、克隆、阿必东。

1）木胶合板的构造要求：

模板用的木胶合板通常由5层、7层、9层、11层等奇数层单板经热压固化而胶合成型。相邻层的纹理方向相互垂直，通常表板的纹理方向和胶合板板面的长向平行。因此，整张胶合板的长向为强方向，短向为弱方向，使用时必须加以注意。

2）我国模板用木胶合板的规格尺寸，见表2-6。

表2-6 模板用木胶合板规格尺寸

厚度/mm	层数	宽度/mm	长度/mm
12	至少5层	915	1830
15	至少7层	1220	1830
18		915	2135
		1220	2440

 第2-14问 模板用木胶合板的力学性能和胶合性能国家标准是怎样规定的？如何简单测试？

根据《混凝土模板用胶合板》（GB/T 17656—2008）各等级混凝土模板用胶合板出厂时的物理力学性能指标见表2-7。

表2-7 物理力学性能指标值

项目		单位	厚度/mm			
			≥12,<15	≥15,<18	≥18,<21	≥21,<24
含水率		%	6~14			
胶合强度		MPa	≥0.70			
静曲强度	顺纹	MPa	≥50	≥45	≥40	≥35
	横纹		≥30	≥30	≥30	≥25
弹性模量	顺纹	MPa	≥6000	≥6000	≥5000	≥5000
	横纹		≥4500	≥4500	≥4000	≥4000
浸渍剥离性能			浸渍胶膜纸贴面与胶合板表层上的每一边累计剥离长度不超过25mm			

模板用胶合板的胶粘剂主要是酚醛树脂。此类胶粘剂胶合强度高，耐水、耐热、耐腐蚀等性能良好，其突出的是耐沸水性能及耐久性优异。也有采用经化学改性的酚醛树脂胶。

评定胶合性能的指标主要有两项：

1. 胶合强度——初期胶合性能。指的是单板经胶合后完全粘牢，有足够的强度。

2. 胶合耐久性——长期胶合性能。指的是经过一定时期，仍保持胶合良好。上述两项指标可通过胶合强度试验、沸水浸渍试验来判定。

《钢框胶合板模板技术规程》（JGJ 96—2011）规定了混凝土模板用胶合板的主要技术性能，见表2-8供参考。

表2-8 胶合板的静曲强度标准值和弹性模量（单位：N/mm²）

厚度/mm	静曲强度设计值		弹性模量	
	顺纹	横纹	顺纹	横纹
12	19	17	4200	3150
15	17	17	4200	3150
18	15	17	3500	2800
21	13	14	3500	2800

第2-15问 什么是多层竹胶合板？它是怎样构成的？有什么特点？

多层竹胶合板是利用竹材加工余料——竹黄篾，经过中黄起篾、内黄帘吊、经纬纺织、席穴交错、高温高压（130℃，3~4MPa）、热固胶合等工艺层压而成的。

1）竹胶合板模板特点：我国竹材资源丰富，且竹材具有生长快、生产周期短（一般2~3年成材）、强度高（一般竹材顺纹抗拉强度为18N/mm²，为松木的2.5倍，红松的1.5倍；横纹抗压强度为6~8N/mm²，是杉木的1.5倍，红松的2.5倍；静弯曲强度为15~16N/mm²）、收缩率小、膨胀率和吸水率低，以及承载能力大的特点。因此，在我国木材资源短缺的情况下，是一种具有发展前途的新型建筑模板。

2）竹胶合板的组成和构造：混凝土模板用竹胶合板，其由面板与芯板组合而成，见图2-12示意。芯板将竹子劈成竹条（称竹帘单板），宽14~17mm，厚3~5mm，在软化池中进行高温软化处理后，作烤青、烤黄、去竹衣及干燥等多道工序处理。竹帘用人工或编织机编织；面板通常为编席单板，做法是将竹子劈成篾片，由编工编成竹席，表面板采用薄木胶合板粘合。这样既可利用竹材资源，又可兼有木胶合板的表面平整度。但也有采用竹编席作面板的，这种板材表面平整度较差，且胶粘剂用量较多。

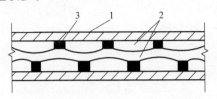

图 2-12 竹胶合板断面构造

1—竹席或薄木片面板 2—竹帘芯板 3—胶粘剂

第2-16问 国家标准对竹胶合板的规格和性能是怎么规定的？

1）竹胶合板规格：根据国家标准《竹编胶合板》（GB/T 13123—2003）规定，竹胶合板幅面尺寸及允许偏差见表2-9。

表2-9 竹胶合板幅面尺寸及允许偏差

长度/mm	偏差/mm	宽度/mm	偏差/mm
1830		915	
2135	+5	1000	+5
2135		915	
2440		1220	

注：对特殊要求的板，经协议其幅面可以不受上述限制。

混凝土模板用竹胶合板的厚度通常为：9mm、12mm、15mm。竹胶合板厚度与层数对应关系见表2-10。

表2-10 竹胶合板厚度与层数对应关系

层数	厚度/mm	层数	厚度/mm
2	1.4~2.5	14	11.0~11.8
3	2.4~3.5	15	11.8~12.5

（续）

层数	厚度/mm	层数	厚度/mm
4	3.4~4.5	16	12.5~13.0
5	4.5~5.0	17	13.0~14.0
6	5.0~5.5	18	14.0~14.5
7	5.5~6.0	19	14.5~15.3
8	6.0~6.5	20	15.5~16.2
9	6.5~7.5	21	16.5~17.2
10	7.5~8.2	22	17.5~18.0
11	8.2~9.0	23	18.0~19.5
12	9.0~9.8	24	19.5~20.0
13	9.0~10.8		

2）竹胶合板的性能要求：由于各地所产竹材的材质不同，同时又与胶粘剂的胶种、胶层厚度、涂胶均匀程度以及热固化压力等生产工艺有关，因此，竹胶合板的物理力学性能差异较大，其弹性模量变化范围为（2~10）×10^3 N/mm^2。

通常是密度大的竹胶合板，相应的静弯曲强度和弹性模量值也高。

表2-11为浙江、四川、湖南生产的竹胶合板的物理力学性能。

表2-11　竹胶合板的物理力学性能

产地	胶粘剂	密度/（g/cm^3）	弹性模量/（N/mm^2）	静弯曲强度/（N/mm^2）
浙江	酚醛树脂胶		7.6×10^3	80.6
四川		0.86	10.4×10^3	80
湖南		0.91	11.1×10^3	105

 第2-17问　怎样加工竹胶合板模板？应注意哪些事项？

多层竹胶合板是利用竹材，经过高温高压热固胶合等工艺层压而成的。它密度大，收缩率小，质地硬，强度高，静弯曲强度和弹性模量值较高。因此，采用竹胶合板加工模板要注意以下事项：

1）锯板。截锯竹胶合板要选用直径为 300mm，100 齿的合金锯片，用带导轨的锯边机；截锯时转速为 4000r/min，尽量保持锯边笔直。防止出现毛边，锯板或钻孔时板要垫实。

2）封边。新截板或钻孔眼，应用耐水酚醛系列油漆将锯边或孔眼涂刷三次封边，防止雨水浸入。若板面发现有划痕或轻度碰撞损伤，要及时补刷酚醛漆。

3）使用完竹模板要及时清洁板面。竹模板前三次使用，可不用脱模剂，以后则每次使用前均需涂刷脱模剂。

4）竹胶合板模板堆放在平整的地面上，下垫方木，整齐摆放，不得板面与地面接触。长期存储时要保持通风良好，避免日晒雨淋。

第2-18问　什么是组合式钢框木（竹）胶合板模板？它有哪些品种和规格？

胶合板模板以它施工便利、组装方便，接缝少、浇筑面光滑、透气性好等优点，迅速发展，被广泛应用，并发展成组合式钢框木（竹）胶合板模板，以热轧异型钢为框架，木（竹）胶合板为面板，板面经热压覆面层处理，板背面加焊若干钢肋承托面板的一种组合式定型模板，如图 2-13 所示。

钢框木（竹）胶合板模板的品种有 55、63、70、75、78、90 等系列，其代号即表示钢框高度。这些品种的钢框木（竹）胶合板模板，都是由钢边框、加强肋和防水胶合板组成的。

1）钢框木（竹）胶合板模板基本构造：

除钢边框高度不同外，其构造基本相同。边框采用带有面板承托肋的异型钢，厚 5mm，承托肋宽 6mm，边框四周设有

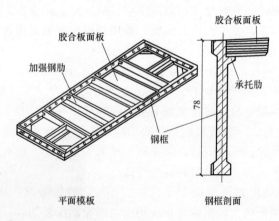

图 2-13　钢框胶合板模板示意

圆形或方形连接孔，孔距 150mm 或 300mm。模板的加强肋采用扁钢或轻型槽钢，肋距 300mm。模板宽 ≥600mm 的中间设一道纵向加强肋。在加强肋两端节点板上设有与背楞相连的椭圆形连接孔，模板四角及加强位置用沉头螺栓与面板连接。现将通常采用的 55 型和 78 型两种模板构造情况对比，见表 2-12。

表 2-12　55 型和 78 型两种模板构造情况对比

模板型号	面板厚度/mm	钢框断面(高/mm×厚/mm)	加强肋型材与间距	钢框周边连接孔	模板承受侧压力/(kN/m²)	特　　点
55	12	55×6	-40×3 @300	φ13 @150	30	重量轻,施工方便,刚度小,易变形
78	18	78×6	[60× 30×3 @300	17×21 @300	50	刚度大,面板平整光滑,可整装整拆也可散装散拆,重量较重

2）钢框木（竹）胶合板模板规格：

55、75、78 型钢框木（竹）胶合板模板规格见表 2-13。

表 2-13　55、75、78 型钢框木（竹）胶合板模板规格

（单位：mm）

模板型号	模 板 长 度	模 板 宽 度
55	900、1200、1500、1800、2100、2400	300、450、600、900
75	900、1200、1500、1800、2400	300、450、600、750 和 100、150、200 窄条
78	900、1200、1500、1800、2100、2400	300、450、600、900、1200

第 2-19 问　组合式钢框木（竹）胶合板模板的连接配件有哪些品种和规格？

1. 组合式钢框木（竹）胶合板模板连接模板

连接模板有阴角模、连接角模（阳角模、连接角钢和调缝角钢的统称）和铰接模三种形式。为加强阴角模边框的刚度，由热轧型钢制成，其角肢规格为 150mm×150mm 和 150mm×100mm 两种。长度为 900、1200、1500 三种。

1）在 75 系列模板体系中设阳角模，在结构阳角处采用，如图 2-14（左）所示。

2）在 75 系列模板体系中使用 75mm×75mm 连接角钢，在构件阳角处不使用阳角模，采用连接角钢，如图 2-14（中）所示，其优点是每平方米上可减少两条拼缝（如图 2-15 右上角所示），加工简单，精度高，成本低。

3）调缝角钢宽度有 200mm、150mm 两种，长度为 900mm、1200mm、1500mm 三种规格，如图 2-14（右）所示。

平面模板和连接模板共有 44 种规格，以宽度 600mm 标准板为主体，和其他狭窄的补充板、调缝板、连接角钢等组合，

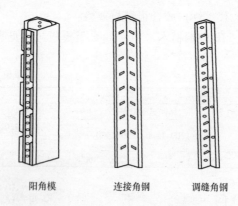

阳角模　　　　连接角钢　　　　调缝角钢

图 2-14　连接角模示意

可满足拼装柱、梁板、电梯井筒子模等各种结构尺寸的需要。图 2-15、图 2-16 所示为各种角模所使用方法。

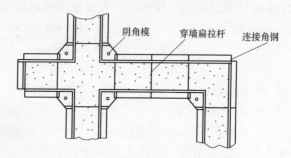

图 2-15　各种连接角模使用示意

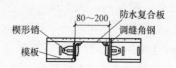

图 2-16　调缝角钢拼装补充模板示意

2. 组合式钢框木（竹）胶合板模板连接配件

组合式钢框木（竹）胶合板模板连接配件有楔形销、单双管背楞卡、L形插销、扁杆对拉、厚度定位板等，其使用方法如图 2- 17 和图 2- 18 所示。

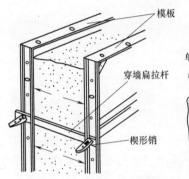

图 2- 17　穿墙扁拉杆用法示意　　图 2- 18　单、双管背楞用法示意

a）单管背楞　b）双管背楞

🔔 第 2-20 问　什么是钢模板？它分几种类型？

钢模板是以一定厚度的钢板作面，型钢作楞（框），按定型尺寸或需求尺寸制作而成的模板。国内使用的钢模板大致可分为两类：

1）大型钢模板。是一种大型的定型模板，根据工程需要用较厚钢板做面板，用型钢做内撑，制成较大型的整体钢模板。它由面板系统、支撑系统、操作平台和附件组成。主要用于现浇混凝土墙体的模板，模板的大小按墙体尺寸要求定型设计制作，一墙一块钢模，安装需用机械，适用于标准墙体，模板周转次数较多。

2）组合式小钢模板。是现代模板技术中的一种新型模板，具有通用性强、装拆方便、周转次数多的特点。可按设计要求组拼成现浇结构梁、柱、墙、楼板等构件的模板，可现场小块散装，也可预装成大型模板整体吊装就位。设计拼装单块钢模最大尺寸是 300mm×1500mm×50mm，组合拼装时采用 U 形卡将板缝卡紧形成一体。装拆灵活方便。

第2-21问 什么是组合式钢模板？它有哪些类型和规格？各自适用的范围是什么？

组合式钢模板是以一定模数尺寸制成的大小不同的单块模板，通过配件组合成各种形式的施工模板。组合式钢模板主要由钢模板和连接配件两部分组成。

组合式钢模板分类，按其功能不同可分为：平面模板、阳角模板、阴角模板、连接角模、通用倒棱模板、梁腋模板、柔性模板、搭接模板、可调模板等专用模板。

组合式各类钢模板的规格见表 2-14。

表 2-14　组合式钢模板的规格　　（单位：mm）

名称		宽度	长度	肋高
平面模板		600、550、500、450、400、350、300、250、200、150、100	1800、1500、1200 900、750、600、450	
阴角模板		150×150、100×150		
阳角模板		100×100、50×50		
连接角模		50×50		
倒棱模板	角棱模板	17、45	1500、1200、900 750、600、450	55
	圆棱模板	R20、R35		
梁腋模板		50×150、50×100		
柔性模板		100		
搭接模板		75		
双曲可调模板		300、200	1500、900、600	
变角可调模板		200、160		

（续）

名称		宽度	长度	肋高
嵌补模板	平面嵌板	200、150、100	300、200、150	55
	阴角模板	50×150、100×150		
	阳角嵌板	100×100、50×50		
	连接角模	50×50		

1）平面模板由面板与肋条组成。模板尺寸以宽 50mm 模数、长以 150mm 模数进级，模板宽度最窄宽 100mm，最大宽 300mm。模板长度最短 450mm，最长 1500mm。平面模板用于基础、墙体、梁、柱和板等多种结构的平面部位。为了便于模板块之间的连接，模板边框上有连接孔，孔距为 150mm，端头边框孔距为 75mm，如图 2-19 所示。

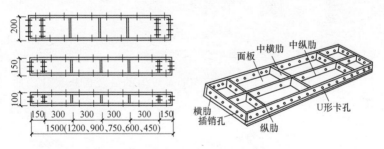

图 2-19　平面模板

2）转角模板有阴角、阳角和连接角模三种。主要用于结构的转角部位。阴角模主要用于墙体和各种构件的内角及凹角的转角部位（见图 2-20）；阳角模和连接角模主要用于柱、梁及墙体等外角及凸角的转角部位（见图 2-21、图 2-22）。

3）倒棱模板，用于柱、梁及墙体等阳角的倒棱部位，如图 2-23 所示。

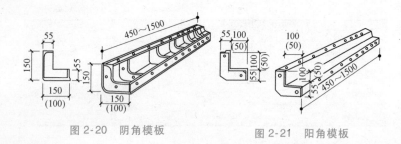

图 2-20　阴角模板

图 2-21　阳角模板

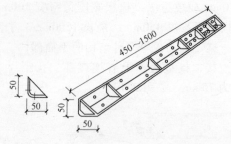

图 2-22　连接角模

　　4）搭接模板，用于调节 50mm 以内的拼装模板尺寸，如图 2-24 所示。

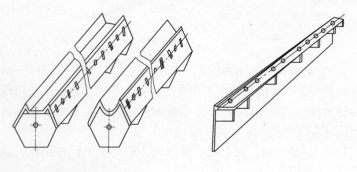

图 2-23　倒棱模板

图 2-24　搭接模板

5）嵌补模板，用于梁、柱、板、墙等结构接头部位。形状与平面模板和倒棱模板相同。

6）柔性模板，用于圆形筒壁、曲面墙体等部位，如图2-25所示。

7）梁腋模板，用于暗渠、明渠、沉箱及高架结构等梁腋部位，如图2-26所示。

8）双曲可调模板，用于构筑物曲面部位，如图2-27所示。

9）变角可调模板，用于展开面为扇形或梯形的构筑物结构，如图2-28所示。

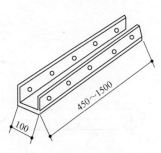

图2-25　柔性模板

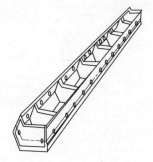

图2-26　梁腋模板

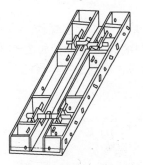

图2-27　双曲可调模板

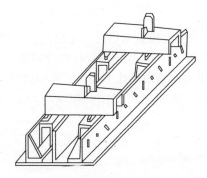

图2-28　变角可调模板

第2-22问 组合式钢模板有哪些连接配件及规格？怎么使用？

定型组合模板的连接件包括：U形卡、L形插销、钩头螺栓、紧固螺栓、对拉螺栓等，分别如图2-29～图2-35所示。各种连接件的使用方法和主要作用如下：

1）平面模板拼接的主要配件。U形卡和L形插销。U形卡是主要用于钢模板之间纵横向的拼接卡具，如图2-29所示；L形插销主要起保证接缝处两块板面的平整的作用，如图2-30所示。

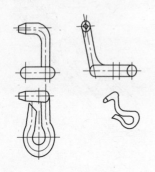

图2-29 U形卡

图2-30 L形插销

2）模板与内外楞连接配件，钩头螺栓和紧固螺栓。钩头螺栓主要用于钢模板与内外钢楞之间的连接固定，如图2-31所示；紧固螺栓主要用于紧固内外钢楞，增强拼接模板的整体性，如图2-32所示。

图2-31 钩头螺栓

图 2-32　紧固螺栓

3）对拉螺栓，用于拉结两竖向侧模板，保持两侧模板的间距，承受混凝土侧压力和其他荷载，确保模板有足够的强度和刚度，如图 2-33 所示。

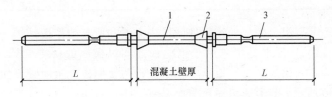

图 2-33　对拉螺栓

1—内拉杆　2—顶帽　3—外拉杆

4）固定模板背楞的配件，蝶形扣件和 3 形扣件，如图 2-34、图 2-35 所示。用作模板竖向、横向钢背后楞与模板面板连接固定，加强模板刚度。蝶形扣件用于方形槽钢背楞的固定；3 形扣件用于双钢管背楞的固定。

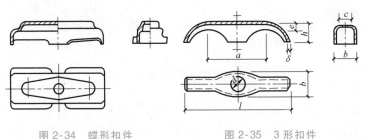

图 2-34　蝶形扣件　　　　图 2-35　3 形扣件

连接件规格见表 2-15。

表 2-15　连接件规格　　　　（单位：mm）

名　称		规　格
U 形卡		φ12
L 形插销		φ12、Q345
钩头螺栓		φ12、Q205 Q180
紧固螺栓		φ12、Q180
对拉螺栓		M12、M14、k416、T12、T14、T16、T18、T20
扣件	3 形扣件	26 型、12 型
	蝶形扣件	26 型、18 型

定型组合模板的连接件的使用方法和所起的作用是：

1）U 形卡是主要用于钢模板之间纵横向的拼接卡具，U 形卡穿入相邻两块模板纵肋孔中，将两块模板夹紧固定，如图 2-36 所示；L 形插销穿入两块模板中肋与边肋孔中，将接缝处相邻板面齐平，不仅能保证两块板接缝处板面的平整，同时增强钢模板的横向拼缝刚度，如图 2-37 所示。

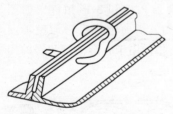

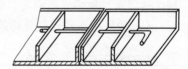

图 2-36　U 形卡连接示意　　　　图 2-37　L 形插销连接示意

2）固定模板与内外钢背楞的连接配件，蝶形扣件、3 形扣件、钩头螺栓和紧固螺栓。它们之间是不可分割的连接件。蝶形扣件、3 形扣件通过钩头螺栓来固定模板与钢背楞的卡具，钩头螺栓穿过蝶形或 3 形扣件，钩住模板中肋孔洞，拧紧螺母，将纵、横钢背楞与模板紧紧连接固定，如图 2-38 所示。从而增强组合式钢模板的整体刚度。紧固螺栓是将蝶形或 3 形扣件与纵横背楞连接的紧固件，如图 2-39 所示。主要用于紧固内外钢楞，增强组合模板的整体性。

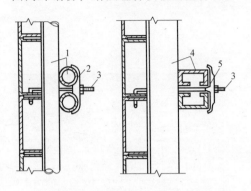

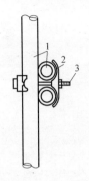

图 2-38　模板与钢背楞连接示意

1、4—钢管、型钢背楞

2、5—3形、蝶形扣件　3—钩头螺栓

图 2-39　纵横钢背楞连接示意

1—钢管、型钢背楞　2—3形扣件　3—紧固螺栓

3）对拉螺栓穿过两侧模板外面的扣件与模板背楞及埋入构件内的套管拉结两侧模板拧紧，使两侧模板间保持设计要求的距离。并在浇筑混凝土时承受模板传递的侧压力和其他荷载，确保模板有足够的强度和刚度，起到保证混凝土构件的厚度一致，防止模板胀鼓的作用。对拉螺栓有多种形式，图2-40所示是螺杆式对拉螺栓和螺母式对拉螺栓两种。

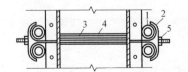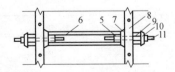

图 2-40　对拉螺栓连接示意

1—钢管背楞　2—3形扣件　3—对拉螺栓　4—塑料套管　5—螺母

6—钢筋　7—木块　8—钢模板　9—钢楞　10—扣件　11—螺杆

第2-23问 **组合式钢模板连接配件对拉螺栓和扣件允许承受力是多少？**

对拉螺栓的承载力参考表见表2-16。

表2-16 对拉螺栓的承载力参考表

序号	螺栓直径/mm	螺栓内径/mm	净面积/mm²	轴向拉应力设计值/kN
1	M12	10.11	76	12.90
2	M14	11.84	105	17.80
3	M16	13.84	144	24.50
4	T12	9.50	71	12.05
5	T14	11.50	104	17.65
6	T16	13.50	143	24.27
7	T18	15.50	189	32.08
8	T20	17.50	241	40.91

蝶形、3形扣件允许荷载参考表见表2-17。

表2-17 蝶形、3形扣件允许荷载参考表

（单位：kN）

项 目	型 号	允许荷载
蝶形扣件	26型	26
	18型	18
3形扣件	26型	26
	12型	12

第 2-24 问　组合钢模板配套常用的支承件柱箍和梁卡有哪些形式、规格及性能?

1) 柱箍又称为卡箍或叫作定位夹箍。用于直接支承和夹紧各类柱模板的支承件。可根据柱模的外形尺寸和侧压力的大小来选用。常用的柱箍如图 2-41 所示。柱箍的规格和力学性能见表 2-18。

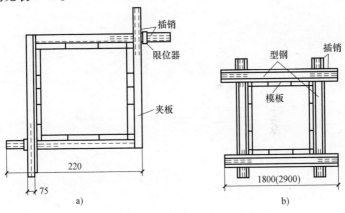

图 2-41　型钢柱箍示意

a) 侧视图　b) 正视图

表 2-18　常用柱箍的规格和力学性能

	规格/mm	夹板长度/mm	截面面积/cm²	惯性矩/cm⁴	截面抵抗矩/cm³	适用柱宽范围/mm
扁钢	−60×6	790	3.60	10.80	3.60	250~500
角钢	∟75×50×5	1068	6.12	34.86	6.83	250~750
槽钢	⌈80×43×5	1340	10.24	101.30	25.30	500~1000
	⌈100×48×5.3	1380	12.74	198.30	39.70	500~1200
圆钢管	φ48×3.5	1200	4.89	12.10	5.08	300~700
	φ51×3.5	1200	5.22	14.81	5.81	300~700

2）梁卡具又称梁托架。用来将大梁、过梁等钢模板夹紧固定的卡具，承受混凝土侧向压力。卡具种类较多，图 2-42 所示的钢管型梁卡具，适用于梁断面尺寸为 700mm×500mm 以内的梁；图 2-43 所示的组合梁卡具，适用于断面尺寸 600mm ×500mm 以内的梁，这两卡具的高度和宽度都能调节使用。图 2-44 为三种形式的圈梁卡，用于圈梁、过梁、地基梁等作侧模夹紧固定。

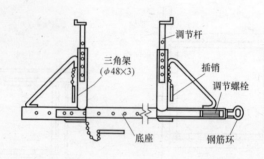

图 2-42　钢管型梁卡具

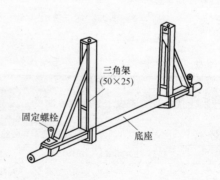

图 2-43　扁钢和钢管组合梁卡具

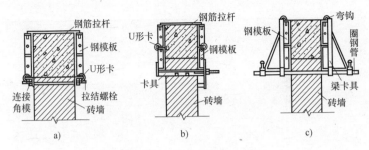

图 2-44　三种形式圈梁卡示意

a）用连接角模、拉结螺栓托梁侧模　b）用型钢及钢板制成梁卡具

c）用梁卡具作梁侧模底座

第 2-25 问　在建筑工程中模板有多少种类和形式？代号是什么？

在民用建筑工程中根据混凝土构件所处的位置不同，模板种类可分为：基础模板、柱模板、梁模板、楼板模板、悬挑模板、楼梯模板等。按模板组装方式可分为：现场拼装式模板和工具式模板两大类。在工地常见的支模方式一般都为拼装式模板。而工具式模板是事前按构件要求制成定型的工具式模具，进行现场装配，并周转使用，可加快支模速度，提高工作效率。

为方便确认各种类模板，通常用代号进行标注。各种类模板代码见表 2-19。

表 2-19　模板代码

内容	项　目		代码
结构部分	基础	独立基础	J
		带形基础	D
		筏形基础	F

（续）

内容	项目			代码
结构部分	地下室墙			D
	剪力墙			Q
	柱子			Z
	水平结构		楼板	B
			密肋楼板	M
			主次梁	L
模板品种	小钢模			X
	钢模			G
	钢框胶合板			K
	木梁胶合板			L
	钢木模			M
	竹（木）胶合板			Z
	砖胎模			T
	梁柱节点			J
	其他模板		楼梯	J
			门窗洞口	K
			电梯井	D
	梁板支撑体系			Z
	支模			Z
	大模			D
施工工艺	滑模			H
	塑料模壳			S
	玻璃钢模壳			B
	爬模			P
	支架			J

（续）

内容	项 目		代码
模板类型	钢大模	定型整体	D
		组拼式	P
		精加工通用组合	J
	柱模	可调截面（T形）	T
		可调截面（L形）	L
		固定截面	G
		圆形截面	Y

 第2-26问　什么是基础模板？分几种形式？

一般建筑工程的混凝土基础除桩基外，都需要有模板支设成型。根据基础形式，在现场就地配制不同的基础模板。一般有台阶式独立基础、锥形独立基础、混凝土条形基础、筏板基础、箱形基础、桩承台梁基础等。采用木模或钢模组拼而成，用木方或钢管支撑。用木模支设的基础，见图2-45、图2-46示意。现在常见的基本采用小型组合钢模板组装成基础模板。由于它体量轻小，搬运方便，装拆简单，

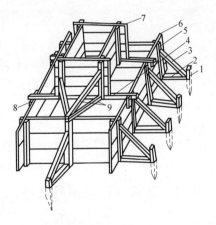

图2-45　阶梯形基础模板示意

1—定位木桩　2—水平撑　3—斜撑　4—轿杠
5—木拼楞　6—下阶梯侧模　7—上阶梯侧模
8—轿杠固定木方　9—上阶模板固定支撑

周转使用，效率高，成本较低，在基础模板中被广泛使用。

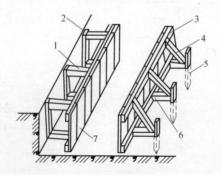

图 2-46 条形基础模板示意

1—平撑 2—垂直垫木 3—木拼楞 4—斜撑
5—木桩 6—水平撑 7—侧模板

第 2-27 问 梁、板、柱、模板结构形式是怎样的?

在建筑工程中常用的梁、板、柱的模板，一般采用木（竹）胶合板做面板，木方做木楞，与大小木龙骨及木立柱连接，形成整体模板结构。或采用钢管脚手架做支撑结构，木（竹）胶合板做面板，组合成钢木混合结构模板系统，用螺栓或铁钉连接。以下分别是：图 2-47 采用木模组装的柱模板；图 2-48 为木模组装的梁模板及木支撑立柱；图 2-49 是木质楼板模板及钢管脚手架支撑系统等模板形态示意图。

第 2-28 问 建筑模板竖向支撑系统有哪些种类?使用上有什么要求?

现代建筑模板竖向支撑系统大致有：木立柱支撑系统、扣件式钢管脚手架系统、门式支架支撑系统、碗扣式支架支撑系统、钢支柱支撑系统等。

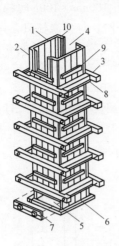

图 2-47　柱模板

1—内拼板　2—外拼板　3—柱箍　4—梁
缺口　5—清理孔　6—木框　7—盖板
8—拉紧螺栓　9—拼条　10—三角木条

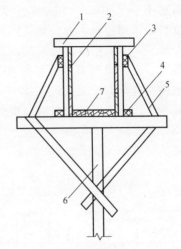

图 2-48　单梁模板

1—搭头木　2—侧模板　3—托木
4—大木楞　5—斜撑　6—木顶撑
7—底模板

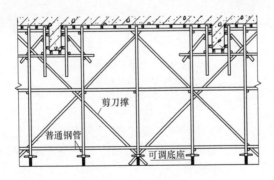

图 2-49　楼板模板

　　1）木立柱支撑系统是传统普遍使用的一种模板支撑形式。适用于层间高度小于或等于 5m。选用方木做支撑立柱时，截面不小于 80mm×80mm，一般采用 100mm×100mm 的木方，立柱应采用整根木方，如果需要接长时，每根立柱只允许有一个接头。不得搭接，可采用双夹木板对接，接头断面要锯平，顶紧，夹板厚度为木方柱厚度的一半，夹板的搭接长度（即木柱接缝至夹板端长度）不应小于 250mm，夹板宽度与木方柱相等，每块夹板用 8 根（接头处上下各 4 根）铁圆钉钉牢，圆钉长度应大于夹板厚 2 倍。整体立柱支撑结构中，各立柱的接头要错开，如图 2-50b 所示。

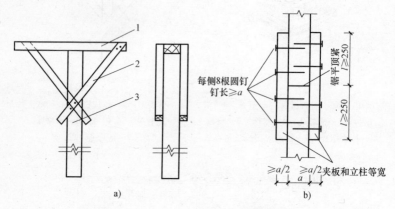

图 2-50　支撑木立柱示意

a）琵琶撑　b）木立柱对接方法

1—横担　2—斜拉撑　3—立柱

当木立柱选用原木时，原木的小头直径不应小于 80mm，宜用直径 120mm 的原木，不准接头使用，原木的两端要锯平。原木的含水率不得大于 25%。

立柱顶端上的横担一般为 50mm×100mm 的方木，长度一般为 3 倍的梁底模宽度，如图 2-50a 所示；立柱底部应垫木垫板，垫板厚度不小于 50mm，边长不小于 200mm。采用木立柱支撑时选材应符合现行国家标准《木结构设计规范》（GB 50005—2003）的规定；要检查外观，不能有腐朽、霉变、虫蛀、裂纹、侧弯的材料。

2）当层间高度大于5m时可选用桁架或钢管立柱支撑。

① 钢管立柱支撑有：钢管脚手架支撑、门式支架支撑、碗扣式支架支撑，用作梁、楼板及平台等模板支撑，如图2-51a、b所示。采用时钢管规格应符合钢管脚手架的质量标准。

② 钢支柱，支柱有单管支柱、四管支柱等多种形式，用于大梁、楼板等平面模板支撑，如图 2-51c 所示。单管支柱分 C18 型、C22 型和 C27 型三种，规格长度为 1812～3112mm、2212～3512mm、2712～4012mm。钢管材质应符合现行国家标准《直缝电焊钢管》（GB/T 13793—2016）或《低压流体输送用焊接钢管》（GB/T 3091—2015）中的 Q235 普通钢管的要求，并应符合现行国家标准《碳素结构钢》（GB/T 700—2006）中的 Q235A 级钢的规定。不得使用有严重锈蚀、弯曲、压扁及裂纹的钢管。

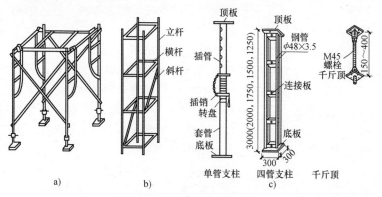

图 2-51　竖向支撑系统示意

a）门式支撑架　b）碗扣式支架　c）钢支柱

第2-29问　剪力墙结构中工具式大模板有多少种类和形式?

在剪力墙和框剪结构中，墙体大模板主要有内墙模板和外墙模板。模板种类主要分为整体式、组合式、清水墙全钢式和筒式。墙体大模板又称为工具式模板，是由面板系统、支撑系统、操作平台和连接配件等组成。墙体的内外模板多采用大模板。它适用于大面积标准化剪力墙结构施工。

1) 整体式大模板，是一种大型的定型钢模板，它是根据每面墙的尺寸，将面板、骨架、支撑系统和操作平台焊接成一个整体的模板。

面板的材质不同，大模板按面板使用材料性质分为：全钢大模板、钢木大模板和钢竹大模板。面板采用整块钢板焊接制成，称为全钢大模板，如图2-52所示。面板采用多层木胶合板，称钢木大模板；面板采用多层竹胶合板的为钢竹大模板。整体式大模板适用于高层建筑的标准层墙体施工或标准化程度较高的建筑，这样重复使用周转次数多，较为经济合理。但退下来的模板材料利用率较低。

2) 组合式大模板由面板、支撑系统和连接配件等构件，根据墙体尺寸现场组装而成，或可预组装成整体大模板吊装就位。组合式大模板的优点是可根据不同建筑工程墙体尺寸灵活组合成大模板，退下来的模板仍可重复使用，不浪费模板材料。一次组合完的大模板，在标准层墙体施工中周转使用，次数越多，施工成本越低，如图2-53所示。

3) 清水墙全钢式大模板，由面板、主次楞、穿墙螺栓、校正支撑、操作平台组成，用销钉连接固定。这种模板的面板的平整度、光滑度要求较高，通常采用胶合板材做面板。清水墙全钢式大模板一般用于建筑、构筑物装饰要求较高的墙体施

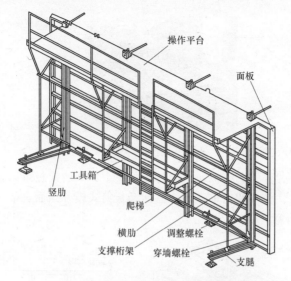

图 2-52　整体式大模板

图 2-53　组合式大模板图片

工中，如图 2-54 所示。

　　4）筒式大模板是将某个房间或电梯井的两面、三面或四面现浇墙体的大模板，通过固定架和铰链及脱模器组成一组大模板群体。根据墙体的结构形式，可组成方形、多边形或是圆

图 2-54　清水墙全钢式大模板

形的筒式群体大模板。它的特点是整个房间的模板可以整体吊装就位，模板的稳定性好。三面墙板筒式模外立面及平面见图2-55示意。

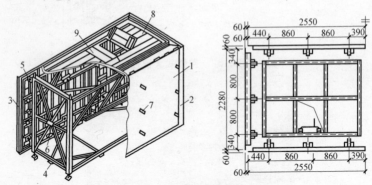

图 2-55　三面墙板筒式大模板

1—模板　2—内角模板　3—外角模板　4—钢架　5—挂轴
6—支杆　7—穿墙螺栓　8—操作平台　9—出入孔

5）外墙模板一般是由内侧和外侧两片模板组成，其内侧模板可以采用与内墙模板相同的做法。而外侧模板的宽度要比内侧模板多出一个内墙厚度，其高度比内侧模板下端多出10～15cm，以便使模板下部与外墙面贴紧，形成导墙以防漏浆。外墙模板有门窗洞口的设置，按照门窗洞口尺寸在骨架上做边框，边框与大模板焊接。门窗洞口也需要在内侧大模板开设。由于外墙对墙面平整度和垂直度要求较高，有时还有特定的装饰要求，因此，外墙式大模板设计与制作比内墙板复杂，质量要求更高。如图 2-56 是带窗洞口外墙大模板构造示意图。

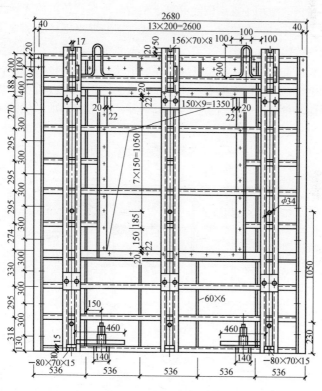

图 2-56　带窗洞口外墙大模板构造示意图

 第 2-30 问　什么是台模（飞模）？有什么特点？

台模是用于现浇钢筋混凝土楼盖施工的组装成整体的模板

和一种模具形式。台模可以从已浇筑完的楼层，将模板整体移动，借助起重机械吊运（飞出）转移到上层重复使用，故也称飞模。台模主要由平台板、支撑系统（包括梁、支架、支撑、支腿等）和其他配件（如升降和行走机构等）组成。

台模一般用于现浇钢筋混凝土结构标准层楼盖的施工，尤其适用于大开间、大柱网、大进深的现浇钢筋混凝土楼盖和现浇无梁板柱结构（无柱帽）的楼盖施工。楼盖模板由若干规格台模一次组装，重复使用，从而减少了逐层组装、支拆模板的工序，简化了工艺，节省了模板支拆用工，加快了施工进度。由于模板可以采取起重机械整体吊运，逐层周转使用，不再落地，从而减少了临时堆放模板场地的设置，尤其在施工用地紧张的闹市区施工更有其优越性。见图 2-57 为钢管脚手架台模示意图。

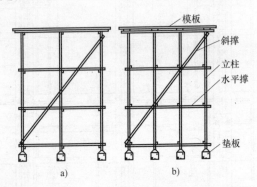

图 2-57 钢管脚手架台模示意图

a）主视图 b）侧视图

第 2-31 问 什么是滑升模板？

滑升模板是整体现浇混凝土结构施工中一项新工艺。我国从 20 世纪 70 年代开始广泛将滑升模板应用于混凝土烟囱、水塔、筒仓、竖井和高层建筑的剪力墙等工程施工中。

　　滑升模板由模板面、围圈、提升架、操作平台、支撑杆和液压千斤顶组成。模板面一般采用钢板，也可用木板或胶合板。围圈、提升架、操作平台为轻型钢结构，支撑杆一般采用φ25mm 的圆钢或钢管制成。支撑杆不仅承担着模具、操作平台、提升架荷重和全部施工荷载，同时起到滑模的导向作用，如图 2-58 所示。

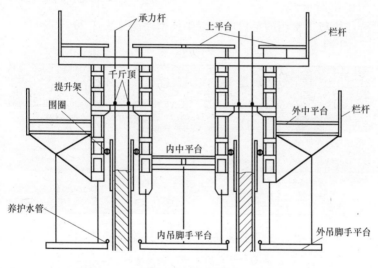

图 2-58　滑升模板

第 2-32 问　模板工所需的机具有哪些？常用的手提电锯和电刨的性能有何要求？

　　模板施工中模板工所需的基本机具，除本人带的锤子外，还要有一些小型机具设备和量具等。

　　常用的小型机具：如圆盘锯、平刨、手电钻、手提电锯、手提电刨、砂轮切割机、钢丝钳等。其中手提式机具电动操作，体积小，重量轻，便于携带，操作灵活，可大大减轻劳动强度，确保质量，提高工效，加快工程进度。

常用的测量器具：如墨斗、粉线带、水准仪、激光垂准仪、水平尺、钢卷尺、直尺、靠尺、线锤、塞规等。这些量具在模板工程中，是保证制作安装质量必不可少的器具。

模板工常用的手提电锯和手提电刨的构造如图 2-59、图 2-60所示。

模板工常用的手提电锯主要技术性能见表 2-20。

表 2-20　常用的手提电锯主要技术性能

性　能	圆锯型号		
	W—560	W—651A	KZO14A
锯片直径/mm	160	180	128
最大锯割厚度/mm	55	64	32
锯片孔径/mm	20	20	—
电动机功率/kW	0.72	1.05	—
质量/kg	3.3	3.7	

模板工常用的手提电刨主要技术性能见表 2-21。

表 2-21　常用的手提电刨主要技术性能

性　能	型　号		
	MIB—90	MIB—SQ—HD—86	MIB—SD01—80
刨屑深度/mm	1	1	1
刨屑宽度/mm	90	82	80
转速/(r/min)	13000	15000	11000
电动机功率/kW	0.675	0.57	0.6

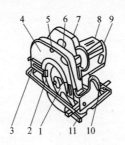

图 2-59　手提式木工电动圆锯构造示意

1—锯片　2—安全护罩　3—底架　4—上罩壳　5—锯切
深度调整装置　6—开关　7—接线盒　8—电机罩壳
9—操作手柄　10—锯切角度调整装置　11—靠山

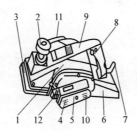

图 2-60　手提木工电动刨构造示意

1—机壳　2—调节螺母　3—前座板　4—主轴
5—皮带罩壳　6—后座板　7—接线头　8—开关
9—手柄　10—电机轴　11—木屑出口　12—碳刷

第三篇

建筑模板施工工艺

本篇内容提要

1. 系统地介绍各种模板的尺寸确定及制作。

2. 介绍各种模板的安装顺序、安装方法和施工要点。

3. 介绍各种模板的拆除要点和注意事项。

第3-1问 怎样当好一名模板工?

模板工程是工程建设施工中的一项重要工序,模板工也是施工队伍中的主要工种之一。模板施工的质量好与坏,直接影响到主体结构质量和安全。因此,一名合格的模板工,要充分认识模板工程在工程施工中的地位和作用,要充分了解模板工对国家建设事业中工作的重要性。从而树立敬业爱岗的决心、意识和热爱模板工工作的从业精神。

要成为一名合格的模板工,要达到以下三个方面的要求:

1) 职业技能的要求。建筑模板工,首先必须能看懂建筑施工图,会使用各种模板工常用器具,熟悉相关模板施工技术操作规程和规定,能够完成从基础到墙柱梁板、楼梯等结构的模板制作与安装,并达到质量标准与要求。

2) 质量意识要求。房屋建筑是人们日常生活和从事生产活动的基本场所,建筑房屋的质量直接关系到人民生命财产的安全与社会安定,以及国家经济建设效益的大事。质量第一,严把质量关是建筑业的基本行业道德与准则,因此,作为一名从事建筑模板工作的从业人员,必须具有强烈的质量意识和职业道德意识。模板工程质量出现问题直接关系到混凝土工程的质量,混凝土出现了质量问题,处理很困难。

3) 安全意识要求。施工安全不仅关系到自身健康或生命安全问题,也涉及家人和社会的安定的大事。因此,从事模板作业必须树立安全第一的意识,牢记"安全生产,人人有责"

和预防为主的观念。认真学习和熟悉安全技术操作规程及安全知识。工作中做到：不违章作业，不冒险蛮干，不酒后作业，作业时穿戴好必要的防护用具，严格按施工方案安装和拆除模板，严格执行安全规章制度及措施，集中注意力进行安全生产。模板一旦发生安全事故，如模板倒塌，均是大事故，直接危及人的生命安全。

 第3-2问　模板配制有哪些方法？

配制模板一般要根据结构构件形体的复杂状况，采取相应的配制方法，通常有以下四种模板配制方法：

1. 按图样尺寸直接配制模板

形体简单的结构构件，可根据结构施工图，直接按尺寸列出模板规格和数量进行配制。模板厚度、横档及楞木的断面和间距，以及支撑系统的配置，都可按支撑要求通过计算选用。

2. 放大样方法配制模板

形体复杂的结构构件，如楼梯、圆形水池等结构模板，可采用放大样的方法配制模板，即在平整的地坪上，按结构图，用足尺画出结构构件的实样，量出各部分模板的准确尺寸或套制样板，同时确定模板及其安装的节点构造，进行模板的制作。

3. 按计算方法配制模板

形体复杂的结构构件，尤其是一些不易采用放大样且又有规律的几何形体，可以采用计算方法，或用计算方法结合放大样的方法，进行模板的配制。

4. 结构表面展开法配制模板

有些形体复杂的结构钢构件，如设备基础，是由各种不同的形体组合成的复杂体，其模板的配制，就适用于展开法，先画出模板平面图和展开图，再进行配模设计和模板制作。

第 3-3 问　工程结构采用定型钢框木（竹）胶合板、组合钢模板，安装前需创造哪些作业条件？

工程结构采用钢框木（竹）胶合板模板或定型组合钢模板，需通过以下步骤和工作内容，为模板安装创造作业条件。

1. 模板设计

1）确定所建工程的施工区、段划分。根据工程结构形式、特点及现场条件，合理确定模板工程施工的流水区段，以减少模板投入，增加周转次数，均衡工序工种（钢筋、模板、混凝土工序）的作业量。

2）确定结构模板平面施工总图。在总图中标志出各种构件的型号、位置、数量、尺寸、标高及相同或略加拼补即相同的构件的替代关系并编号，以减少配板的种类、数量和明确模板的替代流向与位置。

3）确定模板配板平面布置及支撑布置。根据总图对梁、板、柱等尺寸及编号设计出配板图，应标志出不同型号、尺寸单块模板平面布置、纵横龙骨规格、数量及排列尺寸；柱箍选用的形式及间距；支撑系统的竖向支撑、侧向支撑、横向拉接件的型号、间距。预制拼装时，还应标志出组装定型的尺寸及其与周边的关系。

4）绘图与验算：在进行模板配板布置及支撑系统布置的基础上，要严格对其强度、刚度及稳定性进行验算，合格后要绘制全套模板设计图，其中包括：模板平面布置配板图、分块图、组装图、节点大样图、零件及非定型拼接件加工图。

2. 作业现场准备工作

1）轴线、模板线（或模边界线）放线完毕。水平控制标高引测到预留插筋或其他过渡引测点，并办好预检手续。

2）模板承垫底部，模板内边线用 1:3 水泥砂浆，根据给定标高线准确找平。外墙、外柱的外边根部，根据标高线设置模板承垫木方，与找平砂浆上平面交圈，以保证标高准确和不漏浆。

3）设置模板（保护层）定位基准，即在墙、柱主筋上距地面5~8cm，根据模板线，按保护层厚度焊接水平支杆，以防模板水平移位。

4）柱子、墙、梁模板钢筋绑扎完毕；水电管线、预留洞、预埋件已安装完毕，绑好钢筋保护层垫块，并办完隐预检手续。

3. 预组拼装模板

1）拼装模板的场地应夯实平整，条件允许时应设拼装操作平台。

2）按模板设计配板图进行拼装，所有卡件、连接件应有效地固紧。

3）柱子、墙体模板在拼装时，应预留清扫口、振捣口。

4）组装完毕的模板，要按图样要求检查其对角线、平整度、外形尺寸及紧固件数量是否有效、牢靠。并涂刷脱模剂，分规格堆放。

第3-4问 模板安装前需做哪些准备工作？在安装和浇筑过程中应注意的事项是什么？

模板安装前需做的准备工作：

1）学习模板施工方案，熟悉施工方案中的拼装顺序和技术要求。了解采用的模板和配件的材质、品种、规格及数量等。

2）对模板和配件规格、数量进行验收，并挑选和检查，不合格者应剔除。

3）备齐操作所需的一切工具和安全护具。

4）检查支模场地，模板定位放线、标高标志等是否符合要求，支模处地面是否平整或已作处理；若在底层支模时，检查支撑部分的基土面是否坚实，有无排水措施等。

模板在安装和浇筑过程中应注意的事项：

1）按图样要求做好模板的配制工作，按放线进行支模。基础、墙、柱、梁都有中心轴线，一定要按轴线定位，掌握好模板位置和断面尺寸。

2）按照模板施工方案和有关规范要求做好支撑系统加固工作。

3）支撑系统加固前检查模板的位置、标高、尺寸是否准确，可用拉线等方法检查。

4）混凝土浇筑过程中要有专人看管好模板，防止走线和胀模，随时处理突发事件。

5）混凝土浇筑完后，要根据技术部门的指令拆除模板。按规定的拆模操作程序，安全地做好拆模工作，并及时清场，做到文明施工。

第3-5问 怎样配制条形基础木模板？安装模板的操作要点是什么？

条形基础木模板由侧板、木档和外支撑组成。侧板可用长条板加钉竖向木档拼制，或采用短条板加钉长条木档拼制。外支撑一般由平撑和斜撑钉在木桩或地面垫层上，另一端支撑在木档上，以此固定基础侧模，参见图3-1。

1）侧板一般用≥15mm 的木板或胶合板拼制，侧模板的宽度等于条形基础的高度，侧模板的长度一般按实际材料制成定型模板拼接。外侧模板为基础总长度，内侧模板为支座间净距离。堵头模板宽度同基础宽。

2）竖木档为 40mm×60mm 木方，木档长度等于侧模板宽

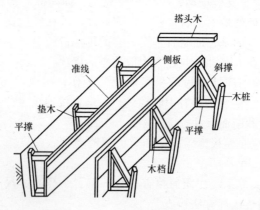

图 3-1　条形基础模板示意

度；长向木档可用 60mm×90mm 木方，长度同单片定型模板长度。

3）外支撑。水平撑和斜撑一般为 60mm×90mm 木方，垂直垫木厚≥50mm，木桩为 100mm×（80～100）mm 或可用直径不小于100mm 的原木桩。

4）单片木模板可在模板加工地制作，在施工现场组拼，木档应水平垂直于侧模板，钉在侧模板的外侧，木档间距以500mm 为宜。

安装条形基础模板的操作要点：

1）条形基础模板安装时，先在基础垫层上弹出基础中心线和边线。

2）首先把侧板对准基础边线垂直竖立，同时用水平尺校正侧板顶面的水平度，准确无误后再用斜撑和平撑钉牢。若基础较长，则可先立基础两端的两块端模板，校正后再在侧板上口拉通线，按照通线立中间侧板，校正后与外支撑固定。当侧模板高度大于基础台阶高度时，可在侧板内侧按台阶高度弹准线，并每隔2m左右在准线上钉圆钉，作为浇筑混凝土厚度的标志。

3）安装搭头木。每隔一定距离在侧模板上口钉搭头木；或安内支撑，两侧板用8#铁线或穿墙螺栓紧固。防止浇筑时模板胀模变形，保证基础宽度准确。

4）带有地梁的条形基础，轿杠布置在侧板上口，用斜撑、吊木将侧板吊在轿杠上。在基槽两边铺设通长的垫板或木桩，将轿杠两端搁置在垫板上，并加垫木楔，以便调整侧板标高，或固定在木桩上，参见图3-2示意。

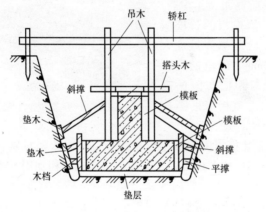

图3-2　带梁条形基础

5）条形基础支模重点要防止出现下列情况：通长方向模板上口不直；宽度不等宽、不够；上台阶侧模陷入底阶混凝土内；侧模底部固定不牢等现象。

6）用组合钢模板制作条形基础模板，可根据设计图给定的混凝土基础断面尺寸来选定定型单片模板。个别部位不能满足图样要求的，可用少量木模板来拼接。

定型的单片模板宽度尺寸一般为100mm、150mm、

200mm、300mm 等。

定型的单片模板长度尺寸一般为 1500mm、1200mm、900mm、750mm 等。

第3-6问　怎样配制阶梯形独立基础模板？

阶梯形独立基础模板由上下两层或三层模板，每层模板由四块侧模板拼装而成（见图3-3）。

1）每个台阶的四片模板中两片侧模的尺寸与相应的台阶侧面尺寸相等，而另两片侧模板的长度应比相应台阶的侧面长度大 150～200mm。侧模的高度（宽度）与相应台阶的高度相等。木模板厚度不应小于 20mm。

图 3-3　阶梯形独立基础

2）单片模板配制可用长条板加钉竖向木档拼制，或采用短条板加钉长条木档拼制，但周边都需有木档加固，木档使用 40mm×60mm 木方，竖向木档长度等于侧模板宽度。

3）拼制上台阶侧模时，其中加长的两块侧模，拼制最底下一块条板长度要加长，比下级台阶宽度大出 100～200mm，以便可搁置在下台阶侧模上。

基础木模板用料参考表见表3-1。

表 3-1　基础木模板用料参考表　（单位：mm）

基础高度	木档间距	木档断面	附注
300	500	50×50	
400	500	50×50	

（续）

基础高度	木档间距	木档断面	附注
500	500	50×75	平摆
600	400~500	50×75	平摆
700	400~500	50×75	立摆

注：木档间距是以模板厚25mm，振动器振捣情况考虑的。

第3-7问　怎样安装阶梯形（锥形）独立基础木模板？操作要点是什么？

1）将已制作完成的单片模板，由下至上逐层向上安装，先把下层模板放在基坑底垫层上，两者中线互相对准，并用水平仪校正，在模板周围钉上木桩，在木桩与侧板之间，用斜撑和平撑进行支撑。

2）第一层钢筋入模后，再把上层模板放在下层模板上，两者中线相互对准，并用斜撑和平撑钉牢。在进行上一层模板安装时，重新核对墨线各部位尺寸，并把斜撑、水平撑以及拉杆钉紧、撑牢，使上下层基础模板组合成整体。

3）检查拉杆是否稳固，校核基础模板几何尺寸及轴线位置，如图3-4所示。

4）锥形独立基础模板由矩形和梯形斜面模板组成，如图3-5所示。底层模板安装基本与台阶形基础相同。但在安装梯形（斜面）模板时要注意用铁线将模板连结拉系在基础钢筋上，防止浇筑混凝土时将梯形斜面模板抬起。但通常锥形基础坡度较小，施工斜坡时一般控制混凝土坍落度，采用半干硬性混凝土浇筑，用铁抹子按设计要求拍抹成斜坡。因此，为便于浇筑时控制浇筑高度，只需在柱子钢筋上标出斜坡顶面标高，可不用安装梯形斜面模板。

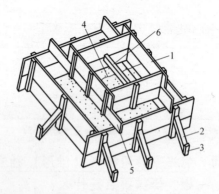

图 3-4 阶梯形基础模板

1—侧模拼板 2—斜撑 3—木桩
4—钢丝 5—轿杠 6—内顶撑

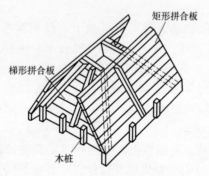

图 3-5 斜坡形独立基础模板

第 3-8 问 怎样配制和安装阶梯条形基础组合钢模板？

条形基础钢模板配制有多种形式。条形基础两边侧模的组合钢模板通常采取横向配制，模板底部外侧用通长的横楞连接固定，并与预先埋设的锚固桩用楔子楔紧。竖楞用钢管、U形钩和钢模板固连，两竖楞上端设拉杆对拉固定，如图 3-6a 所示。也可利用基槽两侧土壁用支撑固定在土壁上，如图3-6b模板支撑所示。

　　若是阶形基础，则可分两次支模。基础大方脚厚度小时，采用斜撑固定；厚度较大时，应经计算设置对拉螺栓拉结固定。上部台阶一般宽度较窄，两边侧模可用工具式梁卡固定，或用钢管吊架来固定，见图 3-6b、c 示意。

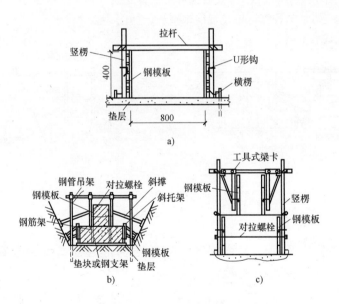

图 3-6　条（阶）形基础钢模板配制形式示意

a）条基竖楞上端对拉固定　b）斜撑和吊架固定　c）对拉螺栓固定

　　安装顺序：安装前检查→安装底层两侧模板→安装固定侧模支撑→架设钢管吊架→安装上部吊模板并固定→检查、

校正。

模板安装方法：按照垫层上弹出的基础边线就地组拼模板。如图 3-7 所示，利用两侧土壁支撑固定模板，则应先修整基槽土壁，用短方木将模板支撑在土壁上；而后在基槽两侧边地面打入钢管桩，架设钢管吊架，使吊架保持水平，再用线锤将基础中心引测到水平杆（拉杆）上，再按中心线安装上阶侧模，用钢管和扣件将模板固定在吊架上，然后用对拉螺栓和斜支撑固定，模板底部搁置在混凝土垫块或钢筋支架上作为临时支托，如图 3-7a 所示。上阶模板也可用工具式梁卡具固定如图 3-6c 所示。如基础较深可搭设双层水平杆，如图 3-7b 所示。

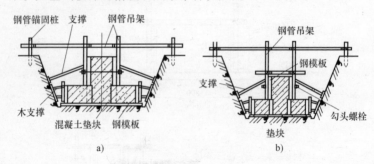

图 3-7　阶形条基钢模板安装示意

a）单层吊架支模　b）双层吊架支模

第 3-9 问　怎样配制和安装阶梯形独立基础组合钢模板？

独立基础有单阶斜坡（锥形）式基础，如图 3-8 所示，但多数为台阶式的基础。现浇独立基础通常都带有地下部分基础柱，随同基础一起浇筑。

1）模板的配制。根据独立基础的断面尺寸，可直接选择宽度、长度合适的定型组合钢模板来组拼，阶梯形基础要考虑到上台阶模板直接搁置在下阶模板上，要保证各阶模板的相对固定牢靠。一般独立基础均为方形或长方形，因此要选择合适的角模，需放样确定各种型号定型模板的数量。

2）安装顺序：安装前检查→安装基础两侧模板用连接角模连成整体→安装模板支撑→搭设钢管井字架→拼装基础柱模板→安装柱箍→安装柱顶固定支撑→校正柱模中心，调整后固定→群体基础联结固定。

3）安装方法。钢制阶梯形基础模板的安装顺序和固定方法与木质模板基本相同。按照基础尺寸就地拼装或在旁边预组拼四片侧模板，用连接角模（无合适的角模可用木方代替）和 U 形卡连成整体，并在每片模板背面加两根 $\phi48 \times 3.5\text{mm}$ 的铁管作背楞，也可用 $60\text{mm} \times 90\text{mm}$ 木方代替，按位置就位，然后安装四周支撑撑于基槽土壁上。搭设柱模井字架，立杆下端固定在基础模板外侧，用水平仪找平水平杆后，先将第一块柱模用扣件固定在水平杆上，同时模板底部搁置在混凝土垫块上，然后按柱模组拼方法拼装柱模。

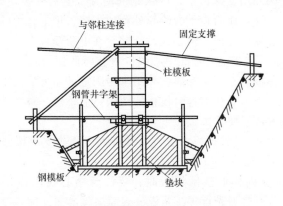

图 3-8 单阶斜坡（锥形）式独立基础

第3-10问　杯形基础模板制作和安装操作要点是什么？

1）杯形基础模板的构造与阶梯形基础模板相似，可用木模或钢模来支护，只是在杯口位置装设杯芯模。杯芯模通常用木模来制作，有整体式和装配式两种形式，见图3-9示意。整体式芯模脱模较费事，装配式芯模脱模时可先抽去抽芯板，脱模较容易。但无论哪种形式，都必须掌握好混凝土初凝时间，及时脱模。

2）杯芯模是按杯芯尺寸用竖向铺设的木条板和木档钉成的一个整体式模子，板面刨光平整，模子上下呈锥形，并在芯模上口四角设有吊环，便于芯模安装就位及脱模时使用。

3）安装前在基础垫层上弹上基础中心线，将各台阶基础模钉成方框，芯模按要求拼制成整体，杯芯及上台阶模板两侧钉上轿杠，各侧模画上中心线。

4）模板安装。先将台阶模板安放在垫层上，对准两者中心线，四周用支撑钉牢，放入钢筋网片。然后安装上台阶模，对准中心线，而后在下台阶模外侧加木档，把上台阶的轿杠固定，最后安装芯模，将芯模轿杠搁置在上阶模板上。

5）安装芯模。对准中心线，将芯模两侧的轿杠搁置在上台阶侧模板上，调整标高，并用木档固定。如果下台阶顶面带有坡度，则也应在上台阶模板的两侧钉上轿杠，轿杠端头下方加钉托木，以便于搁置在下台阶模板上。

6）检查基础模板中心位置和标高，周边支撑按施工方案支设固定，参见图3-10示意图。

7）支设杯形基础模板时，要注意中心线位置和标高准确，杯芯模要刨光直拼，芯模外表面涂隔离剂，杯芯模底钻几个小孔，以便排气，减小浮力。

8）杯形基础支模重点要防止出现：中心线不准，杯口移位；混凝土浇筑时芯模上浮；芯模拆模困难，整体芯模拆不出来等现象。

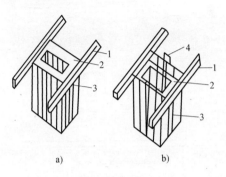

图 3-9 杯芯模板示意

a）整体式 b）装配式

1—轿杠 2—木档 3—杯芯侧板 4—抽芯板

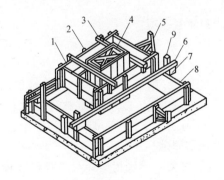

图 3-10 杯形基础木模板示意

1—上阶侧板 2—木档 3—轿杠 4—杯芯模板

5—上阶模板撑固件 6—轿杠 7—托木

8—下层模板侧板 9—轿杠固定木

架支模构造简单，主要由平板模板、梁模板、梁底桁架、搁栅桁架、梁支座立柱等构件组成，如图3-53所示。

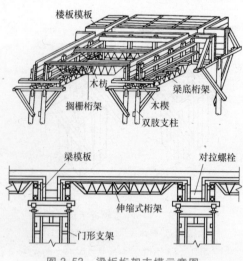

图3-53 梁板桁架支模示意图

安装方法和注意事项：

1）安装梁底桁架支柱。按模板施工方案要求的支柱形式和标高安装，支柱形式一般有木质支柱、钢制支柱。若连接梁的柱或墙已先期施工，则可以利用已完的柱或墙中埋设钢制托件做桁架支座，但支承点必须经荷载计算，稳固可靠，如图3-54、图3-55所示。支柱就位后进行校正中心位置和标高，与柱（墙）模拉结固定。

2）梁底桁架安装。梁底桁架一般设计成双榀。用机械将桁架吊装就位，找正两榀桁架间距，并在上弦杆上安放小木方，用钢丝与上弦杆绑牢固定，用两端支座上的木楔调整桁架标高后钉牢，然后将两榀桁架之间设拉结条连结，使桁架保持垂直度。

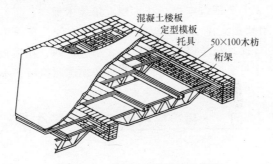

图 3-54　桁架托具支模法示意图

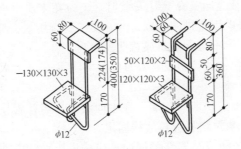

图 3-55　钢筋托具示意图

3）安装梁模板。按照梁木模板正常安装程序，在桁架上组装底模和侧模，找正调平后固定，在外侧弹出支托搁栅桁架托木水平线，装钉托木。

4）安装搁栅桁架。按模板施工方案规定间距，吊装搁栅桁架就位，用搁置在托木上的木楔调整搁栅桁架标高，并拉线检查校正桁架间搁栅上皮水平一致，钉牢木楔。然后桁架间用拉结条连结，保持桁架垂直稳定。

5）安装平板模板。按平板木模板安装程序和要求组拼，定型木模板直接搁置在搁栅桁架上，定型模板规格按桁架间距制作，或按现成模板规格适当调整间距。若采用木板拼装，则在搁栅桁架上要铺设木档，在木档上拼装木板。

6）桁架是支撑水平模板的主要承重构件，选择桁架的规格和间距布置，都是根据承载荷载大小确定的，在模板设计施工方案中有明确规定。因此，安装时必须遵照执行，不能随意改变。

 第3-44问 **木质类楼板模板安装的施工要点有哪些?**

木质类楼板模板安装的施工要点：

1）模板竖向支撑立柱安装时，支持在土质地面上时，必须夯实或采取固化措施加固，并在支柱底端用木板垫平。支柱要竖直找正，不得有倾斜或弯曲现象。

2）用拉通线调节支柱高度，并将大龙骨（大搁栅）找平后安装小龙骨（小搁栅）。

3）铺板应从四周铺起，在中间收口，当楼板模板压在梁侧模板时，角位模板应拉通线固定。

4）在支撑立柱安装的同时，应按模板设计方案要求，同步将水平拉杆和剪刀撑与支柱连接，确保支撑系统的整体稳定性。

5）当采用桁架作为支撑结构时，应预先支好梁、墙模板，然后将桁架按模板设计方案要求，支设在梁（墙）侧模旁专为支承桁架而架设的型钢或木方通长托架上，调平固定后再铺设模板。

6）当墙、柱先行施工时，可利用已施工完的墙柱作支座，采取桁架式支模方法，但支承点及桁架必须经荷载计算，稳固可靠，桁架与支点的连接不能滑动，桁架应支撑在通长的型钢上，并使支点形成一条直线。

7）铺设模板要求见第3-41问1）、③、c条要求内容，并必须保证平整度，采用挂线检查。检查预留孔洞的位置和尺寸，必须保证准确无误。

第 3-45 问　楼梯模板由哪些部分组成？其尺寸是怎么确定的？

现浇混凝土楼梯有梁式和板式两种结构形式，前者是每个楼梯段两侧设有承重边梁。而后者没有梁，由斜面梯板承重，结构形式简单，因此，板式楼梯在普通民用建筑中普遍采用。

楼梯模板主要由平台模板、平台梁模板、楼梯段底模板、踏步侧板（挡板）、反三角木板、外帮板、楞木（搁栅）、支撑、横楞、托木（木档）等组成。平台模板、平台梁模板的构造与肋形楼盖模板基本相似。楼梯模板材料一般采用木板或木竹胶合板，如图 3-56 所示。

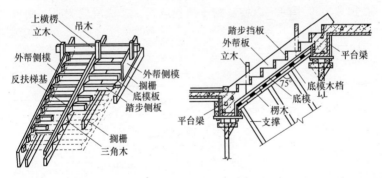

图 3-56　楼梯模板构造示意图

楼梯底模板是楼梯休息平台梁至上层（或下层）楼梯底梁的连线，长度由放样测量确定，楼梯底模板的木板厚 25～30mm，胶合板厚不应小于 15mm。

踏步侧板：又叫外帮板，是楼梯外侧的模板。外帮板宽度等于楼梯段的总厚度（即踏步板和梯板厚度之和）。

外帮板板厚为50mm，长度根据楼梯段的长度而定。侧板内面要画出踏步形状和尺寸，并在踏步高度线一侧预留出踏步侧板厚度的间隙钉上木档，以便钉踏步侧板用，如图3-57所示。

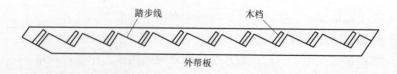

图3-57　踏步侧板外帮板示意图

反三角木板：是由若干三角木块连续钉在方木上而成，三角木块的直角边长等于踏步的高及宽，木块厚为50mm，方木断面为50mm×100mm，每一梯段反三角板至少配一块，设置在梯段宽度中间，以控制踏步挡板位置，若梯段较宽时，则可多设置，如图3-58所示。

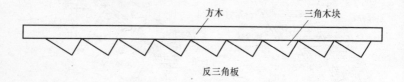

图3-58　踏步反三角板示意图

斜楞（又称搁栅）：是连接上层（或下层）楼梯梁与平台梁（或梯基梁）之间的承重木梁，一般断面为60mm×120mm的木方制作。

横楞（又称托木栅）：是垂直于斜楞设置的木方，一般断面为60mm×90mm的木方，它用于固定梯板的托木栅，两端搁置固定在斜楞上。

第3-46问 怎样放样制作楼梯段模板样板？

楼梯模板有的部分可根据楼梯详图配制，有的部分则需要放出楼梯的大样图，以便量出模板的准确尺寸，制作样板。其放样的方法和步骤如下：

1）在平整的水泥地面上用 1：1 或 1：2 的比例放大样，弹出水平基线 x-x 及其垂线。

2）根据已知尺寸和标高，画出楼梯基梁、平台梁及平台板。

3）定出踏步首末两级的角部位置 A、a 两点与根部位置 B、b 两点，如图 3-59a 所示，两点之间画连线。画出 Bb 线的平行线，其间距等于梯板厚，与梁边相交得 Cc。

4）在 Aa 和 Bb 两线之间，通过水平等分或垂直等分画出踏步。

5）按模板厚度在梁板底部和侧部画出模板图，如图3-59b所示。

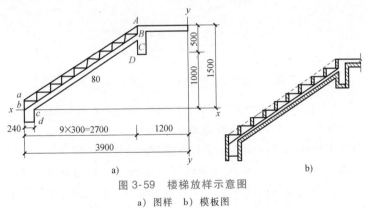

图 3-59 楼梯放样示意图

a) 图样 b) 模板图

按支撑系统的一般构造要求，画出模板支撑系统结构布置图和反三角等模板安装图，如图 3-60 所示。

第二梯段及其他梯段放样方法和第一梯段基本相同。

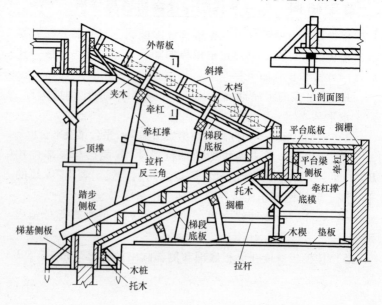

图 3-60　楼梯模板和支撑布置示意图

第 3-47 问　楼梯模板的安装方法及注意事项有哪些？

1）以先砌墙后浇楼梯为例，楼梯模板的安装顺序：

安装平台梁板和楼梯基础梁模板→安装楼梯斜楞和托木（60mm×90mm 的木块）→安装横楞→铺设楼梯底模（底板厚度不得小于 25mm）→按线安装楼梯外侧模板，并用夹木和斜撑固定→绑扎楼梯钢筋→安装反三角木板→在反三角木板与外侧模板之间逐块安装踏步板→斜向支撑固定。

2）安装方法与步骤：

① 先立平台梁、平台板的模板和梯基的侧板。在平台

梁与梯基梁侧板上钉托木，将斜楞置于托木上，间距为 1~1.2m，斜楞下立支撑固定，支撑下垫通长垫板，并在斜楞之间用拉杆相互拉结。再在垂直于斜楞方向铺设横楞，间距为 400~500mm。断面为 50mm×100mm 木方，牵杠断面为 50mm×150mm。

② 在横楞上铺梯段底板，底板厚为 25~30mm，底板纵向应同横楞相垂直。在底板上弹出梯段宽度线，依线立外帮板，外帮板可用夹木或斜撑固定。在靠墙的一侧立反三角木，反三角木的两端与上下平台梁（楼层平台梁和缓步平台梁）侧板钉牢。

③ 在反三角木和外帮板之间逐块钉踏步侧板，踏步侧板一头钉在外帮板的木档上，另一头钉在反三角木的侧面上。如果梯形较宽，应在梯段中间再增加反三角木。

④ 如果先浇楼梯后砌墙时，则梯段的两侧均需外帮板，梯段中间加设反三角木板，其余安装步骤与先砌墙体做法相同。

⑤ 要注意梯步高度应均匀一致，最下一步和最上一步的高度，必须考虑到楼地面最后的装修厚度，避免由于装修厚度不同而形成梯步高度的不协调，如图 3-61 所示。

3）施工要点和注意事项：

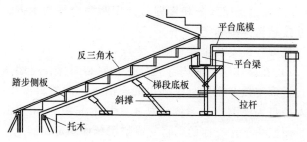

图 3-61　楼梯模板安装示意图

① 楼梯模板施工前应根据实际层高放样，先安装平台梁和基础梁模板，再安装楼梯斜梁或楼梯底模板，然后安装楼梯外帮侧板，外帮侧板需先在其内侧弹出楼梯底板厚度线，用套板画出踏步侧板位置线，钉好固定踏步侧板的木档，在现场装钉侧板。

② 如果楼梯较宽，沿踏步中间的上面加一道或两道反扶梯基。反扶梯基上端与平台梁外侧板固定，下端与基础外侧板固定撑牢。

③ 如果先砌墙后安装楼梯板，则靠墙一边应设置一道反扶梯基，便于吊装踏步侧板。

④ 梯步高度要均匀一致，特别要注意最下一步与最上一步的高度，必须考虑到楼地面层抹灰厚度，避免由于抹灰层厚度不同而形成梯步高度不协调。

第3-48问　怎样安装挑檐模板？其施工要点是什么？

房屋挑檐属于悬挑板结构，通常与屋顶圈梁连成一体，因此挑檐模板与圈梁模板一起安装。挑檐模板通常由托木、牵杠、搁栅、侧板、轿杠、吊木、斜撑或由钢三角架支撑等部件构成，如图3-62a、b所示。

挑檐模板的平板一般采用竹木胶合板，其厚度不小于12mm。挑檐支撑部分和搁栅可选用断面合适的木方，其构造尺寸按结构详图确定。

挑檐模板安装步骤和施工要点：

1）在墙体预留洞内穿入托木，安装斜撑，一端与托木连结，根部支顶在墙体时先挑出的小沿上，调整斜撑找平托木，用木楔打入墙洞内楔紧固定托木，托木间距为1000mm左右。若采用三角架作支撑的则将支撑架用螺栓固定在墙上。

2）立圈梁模板，并用夹木和斜撑固定。

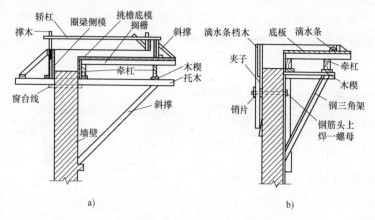

图 3-62　挑檐模板构造示意图

a）木斜撑支架支模　b）钢三角架支模

3）安装牵杠，固定在托木上，用木楔调平牵杠。

4）安装搁栅。将搁栅按设计位置安放在内、外牵杠上，用钉子固定。

5）在搁栅上铺设挑檐模板底板，用钉子固定，并应拉通线找平。

6）安装挑檐模板外侧板，并用斜撑和夹木固定。

7）在圈梁模板内侧板上钉撑木，轿杠一端钉在挑檐模板外侧板上，另一侧钉在撑木上。

8）在轿杠外端钉吊木，并与斜撑垂直，在吊木上固定挑檐外沿内侧模板。

第3-49问　雨篷模板的构造是怎样的？怎样进行安装？

雨篷属外伸臂较长的悬挑板结构，往往设置于外门口上方，与门过梁联结在一起。因此，雨篷模板的构造包括门过梁与雨篷板两部分。门过梁的模板由底模、侧模、夹木、顶撑、斜撑等构成；雨篷板模板由托木、搁栅、底板、牵杠、牵杠撑等构成，如图3-63所示。

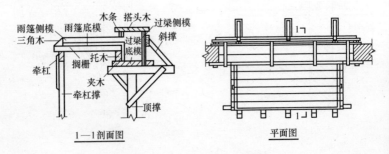

图3-63 雨篷模板构造示意图

雨篷板模板一般采用竹木胶合板，其厚度不小于12mm，雨篷支撑部分和搁栅可选用断面合适的木方，其尺寸按结构详图确定。

雨篷模板的安装方法与步骤：

1）雨篷模板安装时，先立门洞两旁的顶撑，搁上过梁的底、侧模同时校正固定。

2）在靠雨篷一边的过梁侧板上钉托木，其上口标高是支撑雨篷底模的搁栅底面标高，再在雨篷模板前沿下方立牵杠撑，钉上牵杠，安放搁栅。

3）最后铺设雨篷底模。

第3-50问 阳台模板的构造是怎样的？怎样进行安装？

阳台属于悬挑梁板结构，它由挑梁和平板组成。阳台模板由挑梁模板和阳台板构成。具体由搁栅、牵杠、牵杠撑、底板、侧板、轿杠、吊木、斜撑等部分组成，如图 3-64 所示。此结构是梁、板结合体，模板制作尺寸按结构图确定。

阳台底板一般采用竹木胶合板，其厚度不小于 12mm，阳台支撑部分和搁栅可选用断面合适的木方，其尺寸按结构详图确定。

阳台模板安装方法与步骤：

1) 在垂直于外墙的方向安装牵杠，与牵杠撑支顶连接，并用水平撑和剪刀撑拉结支稳。

2) 在牵杠上沿外墙方向布置固定搁栅，以木楔调整牵杠高度，使搁栅上表面处于同一水平面内，垂直于搁栅铺阳台模板底板，板缝挤严，用圆钉固定在搁栅上，安装阳台左右外侧板，使侧板夹紧底板，以夹木斜撑固定在搁栅上。

3) 将轿杠木担在左右外侧板上，以吊木和斜撑将左右挑梁模板内侧板吊牢。

4) 以吊木将阳台外沿翻梁内侧模板吊钉在轿杠上，并用钉将其与左右挑梁的内侧板固定。

5) 在牵杠外端加钉同搁栅断面一样的垫木，在垫木上用夹木和斜撑将阳台外沿翻梁外侧板固定。

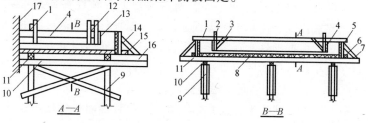

图 3-64　阳台模板构造示意图

1—轿杠　2、12—吊木　3、7、14—斜撑　4、13—内侧板
5—外侧板　6、15—夹木　8—底板　9—牵杠撑　10—牵杠
11—搁栅　16—垫木　17—墙

第3-51问 现浇结构模板安装允许偏差是怎么规定的？怎样检查？

现浇结构模板安装允许偏差与检查方法，应符合表3-10的规定和要求。

表3-10 现浇结构模板安装允许偏差与检查方法

项目		允许偏差/mm	检查方法
轴线位置		5	钢卷尺检查
底模上表面标高		±5	水准仪或拉线，钢卷尺检查
截面内部尺寸	基础	±10	钢卷尺检查
	柱、墙、梁	+4，-5	钢卷尺检查
层高垂直度	不大于5m	6	经纬仪或吊线，钢卷尺检查
	大于5m	8	经纬仪或吊线，钢卷尺检查
相邻两板表面高低差		2	钢卷尺检查
表面平整度		5	2m靠尺和塞尺检查

注：检查中心线位置时，应沿纵、横两个方向量测，并取其中较大值。

第3-52问 模板中怎样固定预埋件和预留孔洞？

模板中根据各专业需要，通常要预下各种埋件或预留孔洞，要求位置、标高准确无误。因此，对埋件需采取可靠的固定措施。根据埋件所在位置和方位，采用不同的固定方法。下面介绍几种常用的固定方法：

1）埋件在侧模面，用螺栓固定。如图3-65所示，用于木模和钢模板。此法埋件能紧贴混凝土，位置准确。螺栓还能拧出来重复使用。

2）埋件在侧模面，用圆钉固定，如图3-66所示。在埋件铁板四角或对角钻孔，用40~50mm长圆钉钉在模板上；也可埋件不钻孔，用4个圆钉钉入木模一半，另一半打弯压住埋件铁板。用于木模板，此法简单，但模板拆除后，会露出钉脚，容易伤人，要及时凿去。

3）埋件在侧模面，用钢筋扎头固定，如图 3-67 所示。将埋件铁板（角钢）放在设定位置上，用钢筋扎头卡住在模板上，适用于为构件的沿口埋件或接近模板上口设置的埋件。此法简单，也容易脱模，但埋件容易移位。

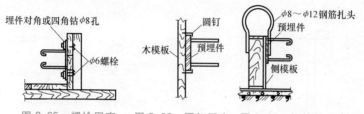

图 3-65　螺栓固定　　图 3-66　圆钉固定　　图 3-67　钢筋扎头固定

4）埋件在侧模面，与钢筋骨架焊接固定，如图 3-68 所示。将构件钢筋骨架预先用保护层垫块等措施，相对固定于模内，然后设置埋铁件，使铁件面与垫块在一平面，找正点焊固定在骨架上。适用于木模或钢模。此法埋件表面与模面不易紧贴，会被水泥浆遮盖住。

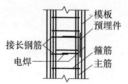

图 3-68　与骨架焊接固定

5）管状埋件，用外插钢筋固定，如图 3-69 所示。

6）角钢框埋件，用木框固定，如图 3-70 所示。

7）埋件设置在梁顶面或板顶面的固定方法，如图 3-71a、b 所示。

8）梁、墙侧模上预留孔洞口，用井字架方法固定，如图 3-72a 所示。预留门窗洞口的模板要有一定锥度，安装要牢固，既不变形，又便于拆除。采用钢筋焊成的井字架卡住孔模，

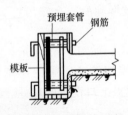

图 3-69　外插钢筋固定

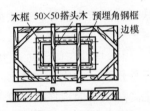

图 3-70　木框固定

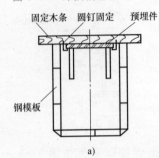

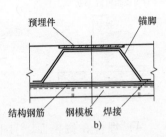

图 3-71　梁、板顶面埋件的固定示意图
a）梁顶面　b）板顶面

井字架与钢筋骨架焊牢。穿梁留设管道孔，只允许在梁高 (D) 的中部 $2D/4$ 范围内留孔，不得在梁上部和下部 $D/4$ 范围内留设。

9）楼板模板上预留孔洞，固定方法如图 3-72b 所示，孔模内设置定位带锥形的木块，通过钢丝将木块固定在底模钢楞

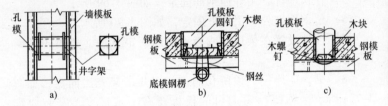

图 3-72　预留孔洞口模具固定示意图

上，木块周边用木楔与孔模挤住固定在一起，如图 3-72c 所示。为定位锥形木块用木螺丝与钢底模连结固定，并挤住孔模固定一起。

第 3-53 问 模板中固定预埋件和预留孔洞位置允许偏差值规定是多少？

模板上的预埋件、预留孔洞的允许偏差见表 3-11。

表 3-11 模板上的预埋件、预留孔洞的允许偏差

项　　目		允许偏差/mm
预埋钢板中心线位置		3
预埋管、预留孔中心线位置		3
插　筋	中心线位置	5
	外露长度	+10.0
预埋螺栓	中心线位置	2
	外露长度	+10.0
预留洞	中心线位置	10
	尺　寸	+10.0

注：检查中心线位置，应沿纵、横两个方向量测，并取其中较大值。

第 3-54 问 钢管脚手架式台模的结构形式和基本构造是怎样的？

台模是一种工具式模具，常用于大柱网或大开间框剪结构标准层中楼盖支模，特别适用于现浇无梁楼盖施工。台模周转使用，省工省力，提高工效。按组成材料和结构形式分，种类较多，钢管脚手架台模结构简单，装拆方便，当前被广泛采用。

钢管脚手架组装式台模是用组合钢模板和钢管脚手架及其配件等拼装而成。主要由台面板结构系统（有组合钢模板、钢框木（竹）胶合板和木（竹）胶合平板三种台面）、支架系

统、竖向伸缩系统和行走系统四部分构成。台模大小根据标准层结构柱网尺寸，经规划计算，本着型号种类少、大小重量适中、便于移动运转的原则，设计成多种型号的台模，运至现场并组装合成柱网要求的楼盖模板。图3-73为组装成的一种台模。

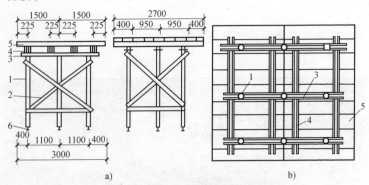

图 3-73　钢管组合式台模构造示意图

a）侧视图　b）台面的仰视图

1—立柱　2—支撑　3—主梁　4—次梁　5—面板　6—内缩式伸缩脚

组合钢模板与钢管组合式台模的基本构造：

1）面板：全部采用组合式钢模板，组合钢模板之间用U形卡和L形插销连接，为了减少缝隙，尽量采用大规格模板。

2）主梁：采用 70mm×50mm×3.0mm 矩形钢管，主梁与次梁之间用紧固螺栓和蝶形扣件连接。

3）次梁：采用 60mm×40mm×2.5mm 矩形钢管或 φ48mm×3.5mm 钢管，次梁与面板之间用钩头螺栓和蝶形扣件连接。

4）立柱：采用 φ48mm×3.5mm 钢管与 φ38mm×4mm 内缩式伸缩脚，间隔 100mm 钻 φ13mm 孔，用 φ12mm 销子固定，也用于立柱高低调节。伸缩脚下端焊有 100mm×100mm 钢板，下垫木楔作少量调节台模高度用，如图3-74所示。每个台模用 6~9 根立柱，最大荷载为 $20kN/m^2$。立柱顶座与主梁用长螺栓和蝶形扣件连接。

5）水平支撑和斜撑。为加强钢管立柱支架的刚度和整体稳定性，立柱间用 $\phi48mm \times 3.5mm$ 钢管作水平撑和剪刀撑，与立柱用扣件连接。四角梁端头设 4 只吊环，以便于吊装。

6）台模移动。台模的升降采用临时设置的螺旋杆千斤顶，水平移动采用轮胎小车。

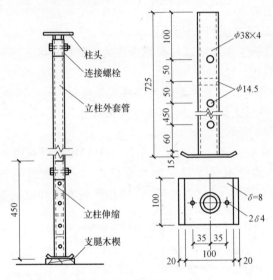

图 3-74 台模立柱与可调柱脚示意

第 3-55 问 钢管式台模有哪些组装方法？施工要求是什么？

1. 钢管式台模组装施工要求和注意事项

1）组装的台模杆件相交节点不在一个平面上，属于随机性较大的空间力系，在设计时要考虑这一结构特点。

2）台模平面尺寸要适应具体工程对象的柱网尺寸，尽量减少周边镶补工作量。

3）台模的面板、配件和管材，要尽量采用标准件，以便在不用台模后，拆卸仍能使用。

4）台模规格要少，其大小、重量要适应平面移动和起重机械吊运的能力。

5）台模的承载力、刚度，要能满足施工中各种荷载和转移安装的要求。

2. 组装方法和安装顺序

钢管脚手架组装式台模通常在施工现场组装，可分为正装法和倒装法。

1）正装法即先组装支架，再组装模板。具体步骤：

① 拼装支架片。将立柱、主梁和水平支撑组成支架片，如图 3-75a 所示。

② 拼装骨架。将两片或多片支架片按设计尺寸位置用扣件将上下多个水平支撑（即水平拉杆）与支架片立柱连接固定，然后安装斜撑（斜拉杆），用扣件与支架片立柱连接，形

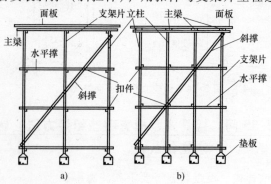

图 3-75　钢管支架台模示意图

a）组装完的支架片立面　b）四片支架片组成的台模侧立面

成台模骨架，如图 3-75b 示意。

③ 拼装面板。按照模板设计面板排列图将面板直接安装在次梁上，用钩头螺栓连接，板面之间用 U 形卡连接。

2）倒装法则先在事先铺好的平台上组装面板系统，然后再组装支架，整体翻转 180° 后就位，台模组装的质量要求与组合钢模板相同。

安装顺序：在楼（地）面上弹出台模支设的边线，并在墨线相交处分别测出标高，标出标高误差数值→吊装台模按编号就位（应由楼层中部向四周扩展就位）→按标高要求用千斤顶调整标高，垫上垫块并用木楔楔紧→整个楼层标高调整一致→用 U 形卡将相邻的台模连接。图 3-76 为台模吊装就位示意图片。

拼装好的钢管架台模示意图

台模吊装就位示意图

图 3-76 钢管架台模吊装就位图片

第 3-56 问 台模还有哪些结构形式？它们各有什么构造特点？

台模结构形式除钢管组合式台模外，常见的还有：构架式台模、门架脚手台模等。

1）构架式台模（见图3-77）。主要由构架、主梁、搁栅（次梁）、面板和可调螺杆等组成。每榀构架的宽度为1～1.4m，高度与建筑层高接近。

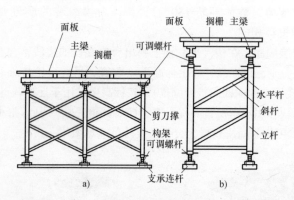

图 3-77　构架式台模构造示意

a）主视图　b）侧视图

① 面板。采用经覆膜防水处理的木（竹）胶合板。

② 主梁。采用铝合金型材制成，搁栅（次梁）采用木方，便于面板铺钉，搁栅间距大小根据面板材料与荷载确定。

③ 构架。采用薄壁钢管，立杆规格一般用 $\phi42mm \times 2.5mm$，杆上焊钢碗扣型连接件，用以与水平杆及斜杆连接。水平杆和斜杆直径略小于立杆。

④ 剪刀撑。每两榀构架间用两对钢管剪刀撑连接。为方便安装与拆除，剪刀撑可制成装配式件。

⑤ 可调螺杆。安装在构架立杆上、下端，用来调节立柱台模高低，上下可调螺杆调节幅度一致，总调节量可上下叠加。

⑥ 支承连杆。可采用钢材或木材，安放在各构架底部，要求底面平整光滑。支承连杆主要起构架整体连接作用，并方便采用地滚轮滑移台模。

2）门架脚手台模。采用多功能门式脚手架作台模支承架，按建筑结构开间（柱网）、进深尺寸和起重吊装设备能力等因素设计组装而成。主要由多功能门式架、面板系统、升降移动设备等组成。

① 台模构架。用多榀多功能门式脚手架平排设立，下部安装通长∟50×4角钢连接，上部安装人字支撑连接，组拼成两排。相对的两榀门架之间设交叉拉杆，将台模支承构架组成一个整体。拉杆可用φ48mm×3.5mm钢管，用扣件连接。门式架底部插入可调式底托，起门架调平作用。门架上部设有顶托，起连接固定平板系统骨架作用。

② 龙骨（主、次梁）。大龙骨（主梁）采用45mm×80mm×3mm薄壁方钢搁置在门架上，每榀门架2根。用蝶形扣件与门架顶托连接。大龙骨上搁置45mm×80mm×3mm薄壁方钢和50mm×100mm方木各一根共同组成小龙骨（次梁），间距1m左右。

③ 面板。台模面板可采用覆膜木（竹）胶合板，或20mm厚的木板上加铺一层2~3mm薄钢板。胶合板用钉子与龙骨钉牢，木板用木螺钉将木板和钢板连接在小龙骨上。

④ 吊运系统。台模吊具使用20kN电动环链，上端挂在起重机吊钩上，下端连接短钢绳与两个吊点；另两个吊点由长钢绳连接，长钢绳直接挂在起重机吊钩上。台模起吊时通过电动环链调整平衡，如图3-78所示。台模移动采用地滚轮直接将台模推走；也可用四轮带滚筒的两用小车推走，或运至出台模处吊往上层使用。

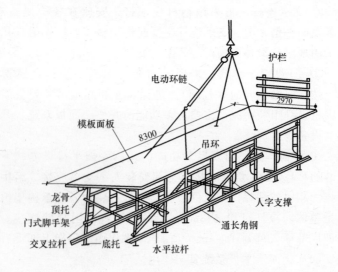

图 3-78　门架式台模构造示意

第 3-57 问　台模选用的原则是什么？自选用到组装要做哪些准备工作？

建筑工程施工中台模的选取主要取决于建筑物的结构特点。一般说框架剪力墙或剪力墙结构体系，前者由于梁高度不同、梁柱接头复杂，采用台模施工难度较大；而后者墙体较多，一般开间、内外墙门窗洞口窄小等，不便于台模出模，用台模施工很困难。台模最适合板柱结构，尤其无柱帽的板柱结构施工。同时选择用台模还要看建筑物层数和高度，一般高层建筑台模周转次数多，工程成本较合算。总之选用台模原则：一是要看结构特点施工技术上是否方便可行；二是总观工程施工进度和经济成本是否合算。

台模组装前需要做好以下准备工作：

1）台模设计。根据建筑物层高和柱网尺寸，以及材料供应条件、起重机械能力等因素规划设计台模的结构构造形式。台模布置原则：

① 台模尺寸和重量应能适应现场吊装机械的起重能力。

② 尽量将小台模沿进深方向柱网轴布置，脱模时，先将大台模出模，直接从楼层中运行飞出，再将小台模作侧向运行后飞出。

2）施工场地准备。

① 为减少台模运输，一般台模组装在施工现场进行。组装台模的场地要求平整坚实，可用混凝土地面或设置钢板做台模的组装平台。

② 楼内台模坐落的楼地面，要平整坚实、无障碍物、孔洞需遮盖好。并按设计要求放出台模的位置线。

③ 根据施工需要，按要求搭设施工操作平台。对搭设情况进行检查，是否位置准确、搭设牢固安全。

3）施工材料准备。

① 台模所用部件和零配件，按设计图要求和规定的数量和质量逐件进行验收，对有质量缺陷不合格配件，未经修理合格不得使用。

② 使用专用材料如组合钢模板及部件、钢管脚手架、门式架、木（竹）胶合板等材料均要符合相关技术规范或专业技术规定的要求。

③ 台模面板采用木（竹）胶合板时，要准备好面板封边材料和模板脱模剂等。

4）施工机具准备。主要包括以下几种：

① 台模升降所用的各种机具，如各种台模升降器、螺旋起重机等。

② 台模出模或提升所用的电动环链葫芦等机具。

③ 移动台模用的各种地滚轮、行走车轮等。

④ 吊装台模用的吊具，如钢丝绳、安全卡环等。

⑤ 台模施工中必须使用的量具，如卷尺、直尺，及手工工具，如扳手、螺钉旋具、斧子、锤子等。

第3-58问 滑升模板由哪些部分构成？各有什么作用？

滑动模板是大型组合型工具式模板，主要由模板系统、操作平台系统、液压提升系统及施工精度控制系统等部分构成，如图3-79所示。

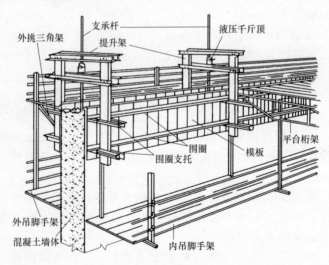

图3-79 滑升模板装置示意图

1）模板系统：一般采用高900~1200mm，宽200~500mm的组合钢模板，依靠围圈带动沿混凝土的表面向上滑动。模板主要作用是承受混凝土侧压力、冲击力、滑升的摩阻力，并使混凝土按设计要求的截面形状成型。

2）围圈提升架：围圈又称围檩，一般采用［8-10 槽钢或10 工字钢制作，主要作用是使模板保持组装的平面形状，它和模板连接牢固，并和提升架连接成一个整体。围圈主要承受模板传来的混凝土侧压力、冲击力、摩阻力、水平荷载，同时还要承受操作平台和施工荷重的竖向荷载，并将其传递到提升架、千斤顶和支撑杆上。

3）提升架又称千斤顶架，主要作用是防止模板侧向变形和固定围圈的位置，它要承受模板上的竖向荷载，并将其传递给千斤顶和支撑杆。当提升机具工作时，通过提升架带动围圈模板操作平台一起向上滑动。

4）操作平台系统：操作平台既是工作平台，是工人绑扎钢筋、浇筑混凝土、提升模板、安装埋件的工作平台，又是小型机具的暂时存放地。液压控制机械和垂直运输机械设备都在操作平台中央部位，同时也可用作现浇混凝土顶盖的模板。

5）吊脚手架：吊脚手架又称下辅助平台，主要用于检查混凝土的质量，模板的检修和拆卸，混凝土的表面修饰和浇水养护等工作。

6）液压提升系统：主要由支撑杆、液压千斤顶、液压控制台和油路组成。

① 支撑杆，又称爬杆、千斤顶杆和钢筋轴等。它支撑着作用于千斤顶的全部荷载，一般用钢筋或钢管制作。

② 液压千斤顶：液压千斤顶为穿心式液压千斤顶，又称爬升器，其主要型号有滚珠卡具 CYD-35 型、CSD-35 型、CYD-60 型和楔块卡具 QYD-35 型、QYD-60 型等，额定起重量为 30~100kN。

第 3-59 问 滑升模板的安装顺序和施工要点是什么?

安装顺序:安装垂直运输设备,组装平台→安装提升架→安装围圈(先内围圈后外围圈)→安装一侧内模板→绑扎第一段墙板钢筋后安装另一侧内模板及外模板→安装操作平台→安装外挑台的三脚架栏杆及铺板→安装千斤顶及液压设备→空载试车,油路排气→液压系统试车合格后安装支撑杆→滑升开

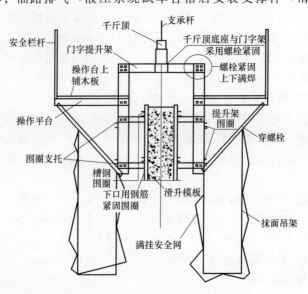

图 3-80 滑升模板支护示意图

说明:

1. 操作平台与门字架连接,上部与门字架采用螺栓连接,下部斜支撑与门字架采用焊接。

2. 围圈支撑与门字架采用可调节螺栓紧固。

3. 围圈支撑与围圈采用焊接连接。

4. 围圈与滑升模板采用伞形卡和钢丝连接紧固。

始，当滑升至 3m 左右时安装内外吊脚手架。

施工要点：

1）在施工基底上弹出建筑物各部分的中心线及滑升系统的位置线，并在建筑物附近引出中心或标高控制点，设置观测垂直度的中心桩。

2）备好测量设备工具，随时检测滑模中心位置。

3）模板安装应上口小下口大，单面倾斜度宜为模板高度的 0.2%~0.5%，保持模板高度的 1/2 部位（即中间部位）模板的净间距与结构面等宽。

4）模板滑升时要保持操作平台水平，并注意横截面结构模板的收分，收分量不宜大于 10mm，如图 3-80 所示。

第 3-60 问　模板拆除有哪些基本规定？

1）工程结构模板拆除，施工单位要编制专题模板拆除方案，并要经项目经理、项目技术负责人及监理工程师的批准，以确保结构和施工安全。

2）模板拆除时间应按国家现行标准《混凝土结构工程施工质量验收规范》（GB 50204—2015）的有关规定执行，冬期施工的拆模应符合专门规定。

3）模板拆除对结构混凝土强度的具体要求：按照国家现行标准《混凝土结构工程施工质量验收规范》（GB 50204—2015）的有关规定，根据结构部位和结构特点分别有如下要求：

①普通混凝土梁板等架空结构类型的构件，底模支撑结构拆除时间，应在混凝土强度达到设计规定要求时方可拆除。当无设计要求时，拆模混凝土强度应符合表 3-12 中规定要求。应根据同条件养生试件强度试验报告确定，或结构实体回弹仪检测确认。

表3-12 拆模时混凝土强度最低值

结构类型	结构跨度/m	按设计的混凝土立方体抗压强度标准值的百分率(%)
板	≤2	≥50
	>2、≤8	≥75
	>8	≥100
梁、拱、壳	≤8	≥75
	>8	≥100
悬臂构件	—	≥100

② 对于后张法预应力混凝土结构构件，侧模宜在预应力张拉前拆除；底模支架的拆除应按施工方案规定要求进行，当无具体要求时不得在结构构件建立预应力前拆除。

③ 后浇带模板的拆除和支顶应按施工技术方案规定要求进行。

④ 梁柱等构件侧模拆除对混凝土强度的要求是：侧模拆除时的混凝土强度应能保证构件表面及棱角不会受到损伤。

第3-61问 模板拆除的顺序和应注意的事项是什么？

模板拆除顺序原则是：后支先拆，先支后拆；先拆非承重部分模板，后拆承重部分模板；自上而下，先拆侧向支撑，后拆竖向支撑。重大复杂的模板拆除要编制专题拆模施工方案，方案经批准后才能进行拆除。

一般拆除顺序：基础→柱模→板支撑→板模→梁侧模→梁支撑→梁底模→墙模。

其他构件模板拆除顺序：楼梯→阳台→挑檐→圈梁→构造柱等，其顺序是先拆支撑，后拆模板。

现场拆除模板应注意事项：

1）模板拆除应有专人指挥，作业区周边设围栏警示，操作人员要分工明确。

2）作业区域内，不得同时有其他工种施工。

3）拆模板时不能对混凝土构件产生冲击力。

4）提前拆除互相搭连并涉及其他后拆模板的支撑时，应设临时支撑。

5）拆模时，应逐块拆卸，不得成片撬落或拉倒。

第3-62问　基础模板拆除要点及注意事项是什么？

1）基础模板应先拆除支撑，再拆内外木楞，然后再拆面板。组合钢模板应先拆钩头螺栓和内外钢楞，后拆 U 形卡和 L 形插销。

2）拆除的模板支撑应随拆随运。拆下的模板要分块传递，用绳钩运至地面放置，不得乱扔，不得在离槽（坑）上口边缘 1m 内堆放。

3）拆除条形基础、杯形基础、独立基础的模板时，应检查基槽（坑）土壁的安全状况，发现有松土、龟裂等不安全因素时，应采取安全防护措施后方可拆除。

第3-63问　柱模的拆除要点及注意事项是什么？

1）拆除柱模时，首先拆除支撑系统，当立柱的水平拉杆超出二层时，应先拆二层以上拉杆，最后的一层拉杆应和拆除立柱支撑同时进行。

2）群柱模板拆除顺序应从两端分别向中间拆除。

3）拉杆和斜撑拆除后，应自上而下拆除柱箍或横楞、竖楞，拆除柱角 U 形卡，分两片拆除模板。

第3-64问　墙模的拆除要点及注意事项是什么?

1)拆除墙模时要先拆除斜撑和斜拉杆,自上而下拆除外楞及对拉螺栓,分层自上而下拆除木楞或钢楞,及零配件和模板。运走,分类堆放,拔钉清理,检修,刷防锈漆和脱模剂,备用。

2)拆除大型组拼墙模的顺序:拆除全部支撑系统→拆除大块墙模接缝处的连接型钢及零配件,拧去固定埋件的螺栓及大部分对拉螺栓→挂上吊装绳扣并略拉紧吊绳后拧去剩余对拉螺栓→用木方均匀敲击大块墙模、立楞及钢模板,使其脱离墙体,用撬棍轻敲大块墙模板,使其全部脱离墙体→吊装运走、清理、刷油、备用。

3)拆除墙板时要注意,拆除每一块墙模的最后两个对拉螺栓时,作业人员应撤离大模板下侧,以后操作均在上部进行。大模板吊装时速度要慢,并保持垂直,严禁模板碰撞墙体。

第3-65问　梁板模板拆除的要点及注意事项有哪些?

1)拆除一般的梁和板的模板,首先拆除支撑立柱的水平和斜拉杆,然后留最后一道水平拉杆与支撑立柱同时拆除。

2)拆除顺序应是从梁或板的中跨同时向两边拆除。

3)对于多层楼板的梁模和板模,在拆除支撑立柱时,应注意当上层及以上楼板和梁正在浇筑混凝土时,下层梁板的支撑立柱拆除应考虑楼、梁、柱结构实际混凝土强度情况,经过有关技术人员验算并得到书面通知后方能进行。

4)拆除梁模和板模时,先拆除梁模的侧模,再拆除板模的底模,最后拆除梁底模板。并应分段进行,不准成片撬落或成片拉拆。

5）拆除模板时，不准用大锤和铁棍乱砸，要保证梁板棱角完整无损。

6）预留孔洞的内模和芯模，要在混凝土强度保证孔洞表面不发生塌陷的情况下进行。

7）在拆除悬臂结构的模板时，不许作业人员站在结构边缘上敲拆下面的底模，要站在牢固的脚手架平台上作业。

第3-66问 台模拆除的要点及注意事项有哪些？

1）在拆除台模时，梁板混凝土的强度的等级不能小于设计强度的75%。

2）台模的拆除顺序，也应本着后支先拆的原则，拆除后运走的路线按有关规定进行，不能乱堆乱放。

3）需要转移重复使用的台模，其拆模顺序是：用千斤顶顶住下部水平连接管，拆除支柱下垫块和木楔，拔出钢套管的连接螺栓，提起钢套管，推入可任意转向的四轮台车，

图 3-81 钢管架台模在出模平台飞出起吊示意图

松开千斤顶，台模落在台车上，推走重复使用。图 3-81 为台模移动至出模平台吊起图片。

4）台模拆除时，台模尾部应绑安全绳，并将一端套在坚固的建筑物结构上，运送时可随走随松安全绳。

第四篇

模板工程季节施工

本篇内容提要

1. 介绍模板工程季节施工时应注意的问题及采取的措施。

2. 介绍相关国家规范对季节施工的一般规定。

第 4-1 问　什么是冬期施工？冬期施工是怎么界定的？

建筑工程进入冬季，在规定的低气温下进行施工活动，称作冬期施工。按国家标准《建筑工程冬期施工规程》（JGJ/T 104—2011）对冬期施工的界定：根据当地的多年气象资料统计，当室外日平均气温连续 5d 稳定低于 5℃时，即进入冬期施工，当室外日平均气温连续 5d 高于 5℃时解除冬期施工。

第 4-2 问　模板工程在冬季施工应注意的主要问题有哪些？

1）我国北方冬季约有 3~5 个月时间。往往由于工程进度要求，必须进入初冬或深冬继续施工。因此，模板工程要考虑到冬期施工。

2）由于混凝土工程在冬期施工有特殊要求，最重要的是在混凝土浇筑初期不能受冻，并且混凝土工程在冬季里要保持强度继续增长，需要进行保温。因此，冬期施工的模板工程要有一定的保温措施，加强对混凝土的保温作用。

3）由于冬季施工，模板在堆放、拼装时，都要考虑防避风雪的措施。

4）模板工程的支撑系统，要考虑冬季地面或土壤受冻产生冻胀现象，使支撑产生竖向变形，不但影响支撑系统的稳定性，还会使混凝土结构受到破坏。

第4-3问　冬期施工中模板工程应注意哪些事项?

1) 进入冬期施工,模板工程要编制冬期施工方案,对模板操作工进行冬期施工的安全和技术交底。

2) 冬期施工需要的钢木模板、支柱、支撑、钢管扣件不得露天堆放,必须遮盖,配件应装箱,免受风雪的侵袭。模板在拼装时,模板及支撑系统,表面不得有冰雪和冻土。模板在安装完毕后要立即清理杂物和冰雪。

3) 拼装模板和支撑加固时,要按冬期施工方案的要求,预先做好防冻措施,如模板添加保温材料,对模板进行保温处理。

4) 冬期施工模板的支撑结构,严禁支撑在冰雪层或冻土地面上,或可能产生冻胀的地面上。无法避免时,应借助已建建筑物作支撑,采取架空支模的措施。

5) 模板的整体支撑结构要考虑便于混凝土结构防冻保温处理。

6) 由于冬季天寒地冻,风雪频繁,模板工程极易产生变形,因此,模板安装完后要尽快浇筑混凝土。

第4-4问　冬期施工期间拆除模板要注意哪些问题?

冬期施工期间,一般不宜进行模板拆除工作。其原因是:

1) 这时的模板与混凝土结构表面冻结较牢固,不易拆除,同时天气寒冷,易出安全事故。

2) 模板对混凝土起到一定保温作用,对混凝土强度增长有利。

3) 模板覆盖在混凝土结构表面,能减轻混凝土的碳化程度。因此,即使强度等条件符合拆模要求,也尽量不要在冬期拆模。

冬期施工模板的拆除基本条件同常温下要求，但要注意以下几点：

1）确认混凝土实际强度达到或超过规范所规定的抗冻临界强度，拆模后混凝土不会受冻害，但不能拆除受力支撑；若混凝土已达到设计强度，则模板可全部拆除。

2）拆模后的混凝土体内温度与外界环境温度差不得大于20℃。如果温差大于20℃，会引起混凝土出现温差裂缝。因此，必须将已拆模的混凝土表面及时覆盖保温。

3）若是需周转使用的墙体大模，拆模原则是保证混凝土在达到临界强度4MPa（通过同体养生试块进行试验，得出结论）后方可拆离墙体大模板。

4）混凝土在冬期前浇筑的底层模板要过冬的项目，若模板支撑直接支在地面上的，冬期前应将支柱拆除或松开，防止地面冻胀破坏结构。

5）以上拆除模板均应由项目技术负责人发出指令，按指令要求进行拆除，模板工无权擅自做主拆除模板。若工作需要也必须提出申请，经技术部门批准后方可拆除。

第4-5问　什么是雨季和风季施工？它对模板作业有何影响？

雨季和大风季节是根据当地气象部门，对历史气象资料统计分析，得出的自然现象季节性时间段，全国各地都有所不同。当施工进入多雨或多风季节月份时，就视为雨季或风季施工。

当工程进入雨季和大风季节，由于存在诸多不确定性、突然性等季节特点，往往会对施工作业和安全施工造成较大影响。对模板作业的影响有以下几点：

1）雨季安装模板，由于地面潮湿容易下沉变形，对模板支撑不利。且木模板受潮也易变形，因此，雨后要及时对这些部位进行检查纠正。

2）大风季节安装模板，木模板风吹干燥易收缩，拼缝增大，模板变形。因此，浇筑混凝土前要及时检查处理。同时由于风大，运送、安装模板时会影响模板系统的稳定性，加大了安全隐患。

第4-6问　雨季、风季施工模板安装应注意哪些问题？

1）雨季、风季在高处安装模板时，站在操作平台上工作，要注意防滑和失稳，确保施工安全。

2）对每单件模板安装就位时，要有可靠的临时固定措施，确保安装过程中模板稳定，保证安装质量。

3）在底层进行模板安装，模板支柱直接支撑在土质地面上时，地面土要夯实，场地要有排水措施，防止雨水侵袭致使模板支柱随土地下沉。要随时检查支撑结构的稳定性和牢固性。

4）安装基础模板时，要注意基槽边坡受雨淋后的稳定性，雨后对支顶在边坡上的斜支撑要进行检查或加固。

5）模板安装过程中，遇有大风、暴雨时，要对模板支架采取应急加固措施，确保模板支撑系统稳固。风雨后应检查模板支架系统，确认安全后，方可恢复施工。

6）对已涂刷完脱模剂的模板，受雨淋后，要对模板脱模剂进行检查补刷。

7）使用电动工具时，要避免雨淋受潮，防止发生漏电危险，注意用电安全。

第4-7问　雨季、风季进行模板拆除作业应注意哪些问题？

1）雨季拆除的模板，存放时要垫高和设棚覆盖，防止受到雨水浸泡。

2）对于扭曲变形模板要及时维修更换，锈蚀严重的铁管支架、扣件要及时更换，并经常进行强度检测，剔除不合格者。

3）遇6级以上（含6级）大风，应停止模板工程作业；遇5级以上（含5级）大风时，应停止模板吊装作业；风雨后要先清理施工作业现场，方能施工。

4）遇有台风、暴雨时，模板支架应采取应急加固措施，风雨后应检查模板支架，经有关人员批准后，方可恢复施工。

第五篇

质量

❯❯ 本篇内容提要

1. 介绍有关国家规范标准对模板主要原材料的质量基本要求。
2. 介绍辽宁省现行模板工程质量验收标准和有关表格。
3. 介绍模板工程施工中的质量通病和解决方法。

第 5-1 问　怎样理解模板工程质量的重要性？

由第三篇中已知，模板工程是由模板和支撑系统两大部分组成的，其中模板是混凝土构件按设计图的几何尺寸成型的模型板，又称壳子板（盒子板）；支撑系统是支持模板，保证其位置正确，并承受模板、钢筋、混凝土等重量及施工荷载的结构构架。因此，模板工程的重要性在于：

1）模板的质量将直接影响到混凝土构件成型后的形态和几何尺寸的正确性，一旦拆模后发现混凝土的几何尺寸不符合要求时，整改非常困难，既费工又费钱。

2）模板的支撑构架质量不好，一旦发生模板胀开、下沉，甚至倒塌，那就不仅仅是质量事故，往往还会同时造成重大的安全事故，其后果更是不堪设想。

因此，保证模板工程质量是建筑工程施工中的一个十分重要的质量控制环节，切不可有一点疏忽大意。

第 5-2 问　国家对模板工程质量的验收有哪些要求？

根据《建筑工程施工质量验收统一标准》（GB 50300—2013）的规定，将模板工程质量验收放在混凝土结构工程中，作为对混凝土结构工程验收的一个重要组成部分。并对模板不论使用什么材料，不论采用什么支撑方法均将其划分为三个分项工程，对其施工质量进行验收评定。三个分项工程分别为：

1）模板工程（安装）检验批质量验收。

2）模板工程（预制构件）检验批质量验收（检查）。

3）板工程（拆除）检验批质量验收。

每个分项工程中，对主控项目及一般项目的质量验收评定的内容和要求均有明确的规定。

第5-3问 模板工程（安装）检验批质量验收的主控项目是如何进行验收的？

现以辽宁省的"模板工程（安装）检验批质量验收记录表"为例说明如下：见表5-1为模板工程（安装）中的主控项目检验批质量验收记录表中所列内容。

表5-1 模板工程（安装）检验批质量验收记录

工程名称			验收部位		
施工单位			项目经理		专业工长
分包单位			分包单位负责人		工序自检交接检
施工标准及编号				抽样方法	
		项目	施工单位检查记录		监理（建设）单位验收记录
主控项目	1	必须有模板设计文件,模板及其支架具有足够的承载能力、刚度和稳定性			
	2	下层楼板应具有承受上层荷载的承载力和设支架,上、下层立柱对准,并铺设垫板			
	3	隔离剂不得沾污钢筋或混凝土接槎处			
施工单位检查评定结果		项目专业质量检查员： 年 月 日			
监理（建设）单位验收结论		监理工程师： （建设单位项目专业技术负责人） 年 月 日			

表中项目内容说明：

1）此表适用于现浇结构模板工程安装质量的验收。

2）检验批是按楼层、结构缝、施工段划分，即每一层楼是一个检验批；如这层楼有一条结构缝，则应分为两个检验批；如这个检验批分两个施工段施工时，则应按施工段来划分检验批。

3）主控项目均需全数检查，且必须达到合格要求。现将检验方法分别说明如下：

① 表中的第一项：为了强调支撑系统的重要性，检查时要根据设计文件（包括模板设计）、施工方案对支撑进行全数检查，发现有一处不符合均要改正。

② 第二项：是专为对支撑系统中的立柱而制定的，这里主要检查三个方面。

一是各支撑的间距、规格、材质各种支架必须符合要求。

二是下面的地基或楼板必须具有承受上层荷载的承载能力，如地基不能出现局部下沉现象；楼板不能超过设计的承载力等。

三是上下层的立柱必须对准，并要铺设垫板。

③ 此条主要是针对涂模板隔离剂，由于隔离剂要影响钢筋与混凝土的握裹力，故当发现钢筋上染有一处隔离剂的痕迹，也必须清理干净。

第5-4问　模板工程（安装）检验批质量验收的一般项目是如何进行验收的？

现仍以辽宁省的"模板工程（安装）检验批质量验收记录表"为例说明如下：

见表5-2为模板工程（安装）中的一般项目检验批质量验收记录表中所列内容。

表 5-2 模板工程（安装）检验批质量验收记录

工程名称			验收部位			
施工单位			项目经理		专业工长	
分包单位			分包单位负责人		工序自检交接检	
施工标准及编号						

项　目			施工单位检查记录		合格率（%）	监理(建设)单位验收记录
一般项目	1	模板接缝不漏浆,木模浇水湿润,表面干净并刷隔离剂,模内无杂物				
	2	清水混凝土或装饰混凝土的模板应能达到预期效果				
	3	用作模板的地坪、胎模应平整光洁,不得产生影响构件质量的下沉、裂缝、起砂或起鼓				
	4	跨度≥4m 的梁、板模板按设计或规范要求起拱				
	5	预留孔、预留洞不得遗漏,预埋件应安装牢固				

		项目	允许偏差/mm	实测偏差/mm						
				1	2	3	4	5	6	7
	6	预埋钢板中心线位置	3							

（续）

项　　目			施工单位检查记录							合格率（%）	监理（建设）单位验收记录
		项目	允许偏差/mm	实测偏差/mm							
				1	2	3	4	5	6	7	
一般项目	7	预埋管、预留孔中心线位置	3								
	8	钢筋　中心线位置	5								
	9	钢筋　外露长度	+10.0								
	10	预埋螺栓　中心线位置	2								
	11	预埋螺栓　外露长度	+10.0								
	12	预留洞　中心线位置	10								
	13	预留洞　尺寸	+10.0								
	14	轴线位置	5								
	15	底模上表面标高	±5								
	16	截面内部尺寸　基础	±10								
	17	截面内部尺寸　柱、梁、墙	+4，−5								
	18	层高垂直度　≤5m	6								
	19	层高垂直度　>5m	8								
	20	相邻两板表面高低差	2								
	21	表面平整度	5								
施工单位检查评定结果		专业质量检查员：　　　　　　　　　　　　　　年　月　日									
监理（建设）单位验收结论		监理工程师：（建设单位项目专业技术负责人）　　　　年　月　日									

表中项目内容说明：

1）此表适用于现浇结构模板工程安装质量的验收。

2）检验批按楼层、结构缝、施工段划分，即每一层楼是一个检验批；如这层楼有一条结构缝，则应分为两个检验批；如这个检验批分两个施工段施工时，则应按施工段来划分检验批。

3）检查数量：

① 1～3项全数检查。

② 5～21项在同一检查批内：

a. 对梁柱和独立基础应抽查构件数量的10%，且不少于3件。

b. 对墙和板应按有代表间的抽查10%，且不少于3间。

c. 对大空间结构，墙可按相邻轴线高度5m左右划分检查面；板可按纵横轴线划分检查面，抽查10%，且不少于3面。

d. 允许偏差6、7、12项测1点；其他项均各测2点。

4）检查方法：

① 表中1～5项为观察项目，其检查方法如下。

a. 针对模板的间隙，模板应浇水但模内不应有积水，刷的隔离剂是否影响以后做装饰及模内是否有杂物。

b. 对清水混凝土及装饰混凝土工程，应使用能达到设计效果的模板。

c. 用作模板的地坪（又称土胎模）应平整光滑，不得产生影响构件下沉、裂缝、起鼓或起砂。

d. 当模板的跨度超过或等于4m时，应按设计要求起拱，当设计无具体要求时，起拱高度可为跨度的1/1000～3/1000。

e. 对固定在模板上的预埋件、预留孔洞应全数检查，且应安装牢靠，其偏差不应超过规定要求。

② 表中6～21项为允许偏差的实测实量项目，其检查方法

如下：

    a. 6~14、16、17、20 项均用钢卷尺检查。

    b. 6~8、10、12 项应沿纵横两个方向量测，取其中较大值。

    c. 15 项用水准仪或拉线、钢卷尺检查。

    d. 18、19 项用经纬仪或吊线、钢卷尺检查。

    e. 21 项用靠尺和塞尺检查。

    5）验收要求。所有一般项目的每个子目项必须达到 80% 以上时才能给予验收。如表 5-2 中第 6 子目项为"预埋钢板中心线位置"，共检查 10 处（点），必须 8 处（点）符合要求，该项才能验收。其他项目同理。

    与上述分项的检查验收方法基本相同，本书就不再细述。

 第5-5问　模板支撑系统有哪些技术质量要求？

    1）模板整体支撑系统的允许挠度为 4mm。

    2）模板的支撑系统应根据模板的荷载和部件的刚度进行布置。内钢楞的配置方向应与模板的长度方向垂直，直接承受模板传递的荷载，间距应计算确定。外钢楞承受内钢楞传递的荷载，用以加强模板结构的整体刚度和调整平直度。

    3）支撑系统应经过设计计算，保证有足够的强度和稳定性，当支柱的长细比大于 110 时，应按临界荷载进行核算，安全系数可取 3~3.5。

    4）模板支撑系统需要检查和验收的项目如下：

    ① 组合模板的布局和施工顺序。

    ② 连接件规格、质量和紧固情况。

    ③ 支撑的着力点、数量、支柱间距和模板结构的整体稳定性。

    ④ 模板的轴线位置。

    ⑤ 竖向模板的垂直度，横向模板的侧向弯曲度。

⑥ 模板拼缝和高低差。

⑦ 预埋件和预留孔洞的规格、数量及固定情况。

第5-6问 杯形基础模板的质量通病及防治措施有哪些？

1. 常见的质量通病与产生的原因分析

1）基础模板中心线不准或偏歪现象。主要是基础模板中心线弹线时十字线没有归方；或是模板四周支撑固定不好，模板四周的混凝土下料、振捣不均衡，造成模板偏移。

2）基础杯口芯模移位。杯口芯模通过轿杠固定不牢，浇筑混凝土时将芯模挤压偏位。

3）混凝土浇筑时芯模浮起现象。基础上段模板支撑方法不当，芯模制作时没按要求钻孔利于排气，因而在浇筑混凝土时，杯口芯模受混凝土浮力作用而上浮。

4）拆模时芯模起不出来（见图5-1）。芯模制作时表面处理不好，或杯芯模板拆除过迟，而造成粘结力大，拆模困难。

5）脚手板搁置在模板上，造成模板下沉。

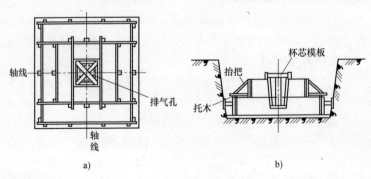

图 5-1 杯形基础模板缺陷示意图

a）平面图　b）剖面图

2. 防治措施

1) 杯形基础支模时首先要找准中心线位置及标高，再由中心线按图弹出基础四周的边线，要规方并进行复核，然后按照线支模板。

2) 支上段模板时采用抬把木带，可使位置准确，托木的作用是将抬把木带与下段混凝土面隔开一些间距，便于混凝土面拍平。

3) 杯芯模板要刨光直拼，芯模外表面涂隔离剂，底部应钻几个小孔，以便排气，减小浮力。

4) 浇筑混凝土时，在芯模四周要均衡下料及振捣；

5) 脚手板不得搁置在模板上。

6) 拆除芯模一般在初凝前后即可用锤轻打，用撬棍轻轻拨动，较大的芯模，可用倒链将芯模稍微松动后再慢慢拔出。

第5-7问 带形基础模板的质量缺陷及防治措施有哪些?

1. 常见的质量缺陷与产生的原因分析

1) 沿基础通长方向，模板上口不直，宽度不准。由于模板安装时，模板上口不在同一直线上，以及模板上口没有钉木带，浇筑混凝土时，因侧压力致使模板上口受到向内推移的力而内倾，使上口宽度减小。

2) 下口陷入混凝土内。因模板上口未吊牢，在浇筑混凝土时，部分混凝土由模板下口翻上来，未在初凝时铲平，造成侧模下部陷入混凝土内。

3) 拆模时上段混凝土缺损。模板上口未吊牢，在浇筑混凝土时，部分混凝土由模板下口翻上来，未在初凝时铲平，造成侧模下部陷入混凝土内。

4）底部上模不牢。底部侧模支撑不牢，模板长向接缝处脱开，临时支撑直接支撑在土坑边（见图5-2）。

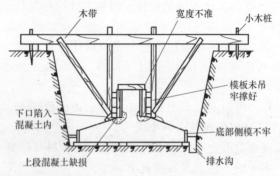

图5-2 带形基础模板缺陷示意图

2. 防范措施

1）模板要有足够的强度和刚度，支模时，垂直度要准确。

2）模板上口应钉木带，并要通长拉线。

3）隔一定间距，将上段模板下口支承在钢筋支架上，也可用临时支撑，使侧模高度保持一致，如图5-3所示。

4）应经常在混凝土初凝时轻轻铲平至模板下口。

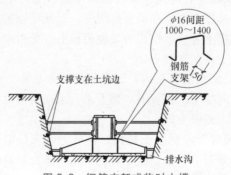

图5-3 钢筋支架或临时木撑

5）当混凝土在塑性状态时，切忌用铁锹拍打模板外侧，以免造成上段混凝土下滑，形成根部缺陷。

6）如支撑直接支在土坑边时，下面应垫木板以扩大接触面。

 第5-8问　一般梁模板的质量缺陷及防治措施有哪些？

1. 常见的质量缺陷与产生的原因分析

1）梁身不平直。主要是支撑未校直撑牢。

2）梁底不平，下挠。模板支撑没有支在坚实的地面上，支撑下沉以及梁底模板未起拱。

3）梁测模胀开（模板崩塌）。由于固定梁侧模的木带（夹木条）未钉牢。

4）拆模后发现梁侧面有水平裂缝、掉角、麻面等。局部模板嵌入柱梁间，拆模困难。模板表面变形、没刷脱模剂。

2. 防治措施

1）支模时应遵守边模包底模的原则。

2）梁模与柱模连接处，考虑梁模板湿润后长向膨胀的影响，应略为缩短，使混凝土浇筑后不致嵌入柱内，如图5-4所示。

3）支撑底部为土地面时，应认真处理并增加通长垫木，以保证支撑不下沉。

4）梁测模及底模用料厚度，应根据梁高度与宽度进行配制，必须有足够的拼条、横档和夹条。

5）梁侧模下口必须有夹条木，钉在支柱上，保证侧模下口不致胀开。

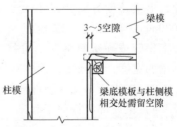

图5-4　梁模板缺陷示意图

6）梁侧模上口模横档应用斜撑双面支撑在支柱顶部。如有楼板，则上口横档应放在板模搁栅下。

第5-9问 深梁模板的质量缺陷是什么？有哪些防治措施？

1. 常见的质量缺陷与产生的原因分析

1）梁下口胀模，上口歪斜。由于夹木未钉牢，侧模下口向外歪移；梁过高，侧模刚度差，未设对拉螺栓；梁侧模上口横档未拉通线，斜撑角度过大（大于60°），支撑不牢等原因造成局部偏歪（见图5-5）。

2）梁中部下挠。支撑未经过计算，按经验设置，致使底模和支撑不够牢固而下挠。

2. 防治措施

1）根据梁的高度及宽度计算重量及侧压力后配制模板。

2）根据梁的高度适当加设横挡，一般离梁底 300 ~ 400mm 处加直径 16mm 对拉螺栓，沿梁长度方向相隔不大于 1000mm，在梁模内螺栓上可套上钢管或硬塑料管，一可保证梁的宽度，二可便于螺栓回收。

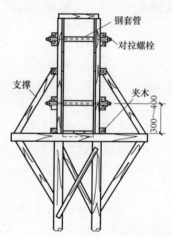

图 5-5　深梁模板安装示意图

3）夹木应与支撑顶部的横担木钉牢。

4）梁底部应按规定起拱。

5）单根梁模板上口必须拉通长线（一般用钢丝）复核，两侧的斜撑应同样牢固。

第 5-10 问　圈梁模板的质量缺陷及防范措施是什么?

1. 常见的质量缺陷与产生的原因分析

1) 局部胀模。因卡具未夹紧模板造成局部胀模。

2) 梁内外侧不平,砌上段墙时局部挑空。因为模板组装时,没有与墙面支撑平直(见图 5-6)。

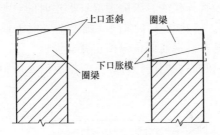

图 5-6　圈梁模板缺陷示意

2. 防治措施

1) 如采用在墙上留孔挑扁担木方法施工时,扁担木的长度应不小于墙厚加二倍梁高,圈梁侧模下口应夹紧墙面,斜撑与上口横档钉牢,梁上口要拉通长线,如图 5-7 所示。

2) 圈梁采用钢管卡具支模法时(见图 5-8),如发现钢管卡具滑扣时,应立即更换。

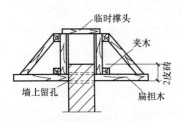

图 5-7　圈梁挑扁担支模法

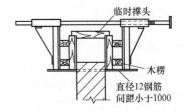

图 5-8　圈梁钢管卡具支模法

3）圈梁模板上口必须有临时撑头，以保证梁上口宽度。

 第 5-11 问 柱模板的质量缺陷及防治措施是什么？

1. 常见的质量缺陷与产生的原因分析

1）胀模，造成断面尺寸超差、漏浆、混凝土不密实、蜂窝、麻面等。主要原因是柱箍不牢及板缝不严密，以及模板上有混凝土、砂浆等残渣，未清理好；拆模时间过早。

2）偏斜，一排柱子不在同一轴线上。由于成排柱子支模不跟线，不找方，钢筋偏移未校正就支模板。

3）柱身扭曲（见图 5-9）。由于模板已发生歪扭，未整修好就打混凝土。

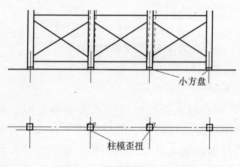

图 5-9 柱模板缺陷示意

2. 防治措施

1）成排柱子在支模前，应先在底部弹出通线，并将柱子位置规方找中。

2）柱子支模前必须先校正钢筋位置。

3）柱子底部应做小方盘模板，保证底部位置准确，同时应留清扫口。

4）成排柱子支模时，应先立两端柱模，在顶部拉通长

第 3-11 问　怎样制作和安装筏形、箱形基础模板？操作要点是什么？

高层建筑地下基础通常设计成筏形或箱形基础（有关筏形、箱形基础结构形式，参见第一篇第 1-5 问和第 1-6 问）。它的特点是埋置深，基础底板厚，体积大，有抗渗防水要求，结构构造除四周是封闭式外墙外，内部结构形式基本是框架梁柱或部分剪力墙体。因此，工序安排通常将底板与上部结构分开施工，而为满足结构抗渗要求，一般底板施工时，要带起四周外墙下部 300~500mm 高墙与底板一起施工，并在墙接槎处采取止水措施。

底板模板外侧模基本与基础梁支法相同，用水平撑与斜撑与侧模支撑固定，另一端与地桩或基坑土壁支顶牢固。模板配制一般横排模板，接缝错开布置。若底板厚度符合组合模板要求时也可竖排。背楞和支撑要经计算确定规格和间距。内侧模高度则根据上翻的墙高度而定，模板固定方法，底部搁置在底板上层钢筋垫块上，垫块与底板钢筋点焊，以此卡住模板底楞，侧模上部与外侧模用焊有止水板的对拉螺栓固定，见图 3-11 示意。但由于墙体施工缝处往往设计有止水措施，如通长的水板等，对拉螺栓会相碰，要避让。因此也可采取工具式梁卡的办法固定模板。

一般筏板中间部位设计有纵横交错的反梁，底板可与反梁上部分开施工，若要求同时浇筑时，反梁的模板可利用底板钢筋采取支垫和临时支撑措施。

底板外侧模支设时，要注意避免损坏底板垫层做完的防水卷材预留伸出的接头。为防止防水卷材被损，也有底板外侧模采取砖模，一次性将防水层做至外墙施工缝处，且抹砂浆保护。这样只要进行内侧模板支设，利用底板钢筋采取支撑固定措施。

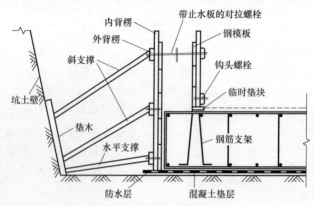

图 3-11　箱形基础模板支设示意

第 3-12 问　怎样配制柱子木模板？有什么要求？

柱木模板由四个单片模板组成，其中有两片相对的内拼板，宽度与混凝土柱边长相等，另两片相对的外拼板，扣压在内拼板外，其宽度等于混凝土柱边长加两倍模板的厚度。模板的厚度不应小于 20mm，一般采用 25～50mm 的竖向木板条组拼，拼板木楞一般用 50mm×50mm 木方，间距 500mm 左右；现在通常用多层胶合板作板面，方木档作框配制柱模板。单片柱模板制作长度以 2m 为模数，到现场组装。柱高不符合模数的放到柱模板的根部处理。柱模顶部根据设计开有与梁连接的接口，柱根部要设清扫口（见图 3-12），有的柱子较高，在柱模中部要设浇筑口，沿柱高度每隔 2m 设一个浇筑口，这些一般都设在外拼模板上。清扫口和浇筑口随浇筑进度随时要封堵，因此封堵模板必须准备好，制成定型的、尺寸配套的模板备用。

单片柱模板可在模板加工地制作，在施工现场组拼。单片

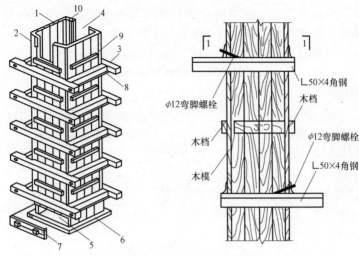

图 3-12　柱木模板安装图

1—内侧模板　2—外侧模板　3—柱箍　4—梁缺口　5—清扫口
6—方盘　7—盖板　8—拉紧螺栓　9—拼条　10—三角木条

模板做出后，为加强模板的纵向刚度，在模板面上沿柱模长方向加装两道 60mm×90mm 木方，木方长度要与木模板长度相同。

矩形柱子模板用料可按表 3-2 选用，供参考。

表 3-2　矩形柱子木模板用料参考表　　　（单位：mm）

柱子断面	横档间距	横档断面	附注
	柱模板厚 50,门子板 25		
300×300	450	50×50	
400×400	450	50×50	
500×500	400	50×75	平摆
600×600	400	50×75	平摆
700×700	400	50×100	立摆
800×800	400	50×100	立摆

为避免混凝土浇筑时产生模板胀鼓变形，模外要安装柱箍。柱箍有木箍、钢木箍和钢箍等多种形式，如图3-13所示。柱箍间距应根据柱子大小经计算确定，通常500~1000mm，柱模下部较密，往上逐步加大。若是横向木板拼模，则模外要加设竖向木楞，如图3-13a所示。

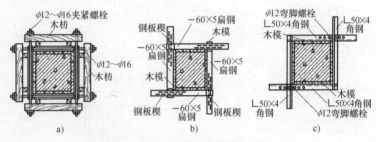

图3-13 柱箍示意

a) 木柱箍 b) 扁钢柱箍 c) 角钢柱箍

第3-13问 柱子木模板的安装程序和操作要点是什么？

1. 柱模板安装顺序

安装框架结构的柱模时，要根据图样要求先放线确定中心线和柱子边线。

安装顺序：搭设安装架子平台→第一节柱的侧模板就位→检查对角线、垂直度和位置→安装柱箍→第二、三节模板及柱箍安装→安装有梁口的柱模板→全面检查校正→群体或单体固定。

2. 安装操作要点

1) 模板安装，事先将地面清理、找平，在基面上弹出纵横轴线和四周边线。安装时按边线固定小方盘并调整标高，然后分节安装柱的侧模板，并在柱底模一侧留出清扫口，留有封口模板，待清扫完毕可立即封闭。

2）每节模板安完即加柱箍，柱箍可用四根 40mm×60mm 小木方互相搭接钉牢或用工具式柱箍，紧紧箍住模板，柱箍间距以 500mm 为宜。

3）柱模安装到一定高度时，要进行拉结支撑，以免倾倒，并随时用支撑或拉杆校正垂直度。支撑要牢固，在 4m 和 4m 以上时一般应四面支撑，当柱高超过 6m 时，不宜单根支撑，要设群支撑形成整体构架。柱模拉杆每边两根，与地面呈 45°角，并与锚件连接，水平距离不得超过 3/4 柱高，如图 3-14 所示。

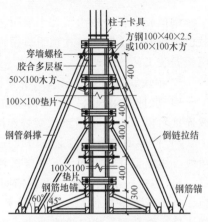

图 3-14　单柱木模板支撑示意

4）群柱施工时，需先安装两端柱模板，校正固定，并拉通线，按通线安装中间柱模。群柱全部安装完毕后，要拉纵向和横向通线检查各柱的位置，并校正，检查合格后再进行集体支撑和加固如图 3-15 所示。群柱的支撑搭设成"井"字形，防止施工过程中模板移位。

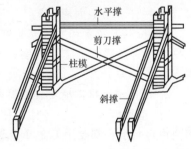

图 3-15　群柱木模板支撑示意

5）柱高超过 2m 在柱模一侧留浇捣洞口，尺寸以便于操作为宜。

第3-14问　怎样安装钢框胶合板柱模板？施工要点是什么？

钢框胶合板模板组装柱子模板，有三种安装工艺。即单块就位组拼安装工艺、单片预组拼模板安装工艺和整体预组拼柱模板安装工艺。

1. 单块就位组拼柱模安装步骤和施工要点

1）就地将第一层四面模板就位组装好，每面带一阴角模或连接角模，用U形卡正反交替连接。

2）使四面模板按给定柱边线正确就位，找正垂直度和对角线。用定型柱套箍固定，要楔板到位，销铁插牢。

3）以第一层模板为基准，用同样方法组装第二、三层模板，直至带梁口柱模板。用U形卡对竖向和水平接缝反正交替连接。组装到一定高度时要进行支撑和拉结，防止倾倒。

4）对柱模轴线位置、垂直度、对角线及扭转等作全面检查、校正，并按施工方案安装固定支撑进行固定。每面设两个拉（支）杆，与地面成45°。

5）按以上步骤和方法安装到一定流水段后，在检查安装质量合格后，群柱按施工方案进行拉杆、剪刀撑等支撑体系固定。

2. 单片预组拼柱模安装步骤和施工要点

1）单片模板组拼，一柱四片，每片带一角模。组装时相邻两块板每个孔都要用U形卡卡紧，大截面柱设管形龙骨时，用钩头螺栓外垫蝶形扣件同平板边肋孔卡紧。组拼时注意按图要求留设清扫孔和浇筑孔。预组拼后检查平整度、对角线和外形尺寸。最后编号，涂脱模剂，分规格堆放待运。

2）吊装就位第一片模板后，要用临时支撑或与柱钢筋绑住作临时固定。

3）随后吊第二片模板就位，用阴角模（或连接角模）同第一片模板连接成 L 形，并用 U 形卡卡紧模板边肋与角模一翼，用支撑固定；以上述方法完成第三、四片模板吊装就位和连接成方形柱桶模。

4）自下而上安装柱套箍，校正柱模轴线、位置、垂直度及截面对角线，最后支撑固定。

5）按以上步骤和方法安装到一定流水段后，在检查安装质量合格后，群柱按施工方案进行拉杆、剪刀撑等支撑体系固定。

3. 整体预组拼柱模安装步骤和施工要点

1）整体柱模运至现场，吊装前对柱模上、下口的截面尺寸、对角线、连接件、卡件、柱箍的数量及紧固程度进行检查，不符合要求的待及时处理好后方可吊装。

2）检查现场柱子钢筋，有否有碍柱模套装处，发现及时处理。对柱顶钢筋要绑拢，便于柱模从顶部套入。

3）吊装整体柱模就位，对准柱位边线坐落在基面上后，用四根斜撑或带有花篮螺栓的风缆绳和柱模顶四角连接，另一端锚于地面，校正中心线、柱边线、垂直度及柱体扭向等，合格后支撑固定。当柱高超过 6m 时，不宜单根支撑，宜几根柱同时支撑连接成构架。

第 3-15 问　怎样配制组合式柱子钢模板？应注意哪些问题？

采用定型组合式钢模板设计配制柱子模板，应根据工程结构设计图，对各种柱子断面尺寸和长度按配板原则进行配板设计。

1）要选用与柱尺寸和高度相适应的钢模规格拼配，依据柱断面尺寸选作模板宽度方向的组配方案，通常模板按柱子高度方向纵排，要选择高度方向的模板规格，并要错缝设置，见图 3-16 示意。钢模板按柱断面宽度配板参考第 3-25 问表 3-4 所示。

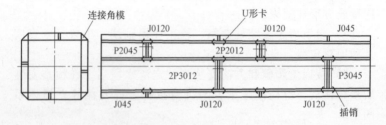

图 3-16　组合钢模板柱模配板示意

2) 要合理选择转角模，若设计无特殊构造要求，则因柱宽较窄，转角尽量不用阳角模，而采用连接角模代替，这样也利于拆模。

3) 要根据柱子混凝土浇筑最大侧压力，计算设计柱箍和背楞的规格和间距。

4) 对配制的模板规格、数量要统计，进行编号、列表。

第 3-16 问　组合式柱子钢模板就位组拼方法与安装要点是什么?

组合式柱子钢模板的组拼方法，一般有单块就位组拼和预组拼两种。预组拼还可分为单片组拼和整体组拼两种方式。

单块就位组拼的安装程序是：搭设安装架子→第一节钢模板安装就位→检查对角线、垂直度和位置→安装柱箍→第二和第三节模板及柱箍安装→安装有梁口的柱模板→全面检查校正→整体固定。

单块就位组拼方法及操作要点：

1) 柱模底基面清理、找平时，先完成模板定位基准设置和安装架子的搭设。

2）就地用单块平板和角模，用扣件连接，拼装成第一节柱子模板，检查调整对角线，并用柱箍固定，调整垂直度，加斜撑固定。

3）以第一节模板平面为基准，用同样的方法组装第二节、第三节模板直至柱全高。

4）柱模配板时高度要符合模数，可以梁底标高为准自上往下配板，不符合模数部分放到柱根部位处理。

5）各节组拼时，每节柱模的水平接头和竖向接头用 U 形卡连接时，要正反交替扣紧。在安装到一定高度时，要进行支撑或拉结。当柱高在 4~6m 时一般应四面支撑，超过 6m 时，不宜采用单根柱支撑，应把多根柱连成一体，组成支撑构架，防止倾倒。

6）柱模安装到位后，要立即用四根支撑或缆风绳与柱模顶端拉结，并校正模板中心线和垂直度，见图 3-17 示意。

7）全面检查合格后，与相邻柱群或四周支架临时拉结固定。

8）柱模根部要用水泥砂浆封堵，防止浇筑时跑浆。在配

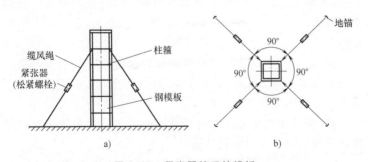

图 3-17 紧张器校正柱模板

a）立面图 b）平面图

板时要考虑柱根部预留清扫口，超过 2m 高柱子中部预留浇灌口。

第 3-17 问　柱子组合式钢模板单片预组拼方法与安装要点是什么？

组合式柱子钢模板可预组拼成单片、L 形和整体三种形式。采用预组拼的方法安装，可以加快安装速度，提高工效和安装质量。但必须具备较大的预拼装场地，及有相应的吊装和运输设备，满足模板安装的要求。

单片预组拼柱子钢模板的拼装程序：

单片预组拼模板拼装、检查→第一片模板安装就位并支撑→相邻一侧的预组拼单片模板安装就位→两片相邻模板呈 L 形用角模连接并支撑→以同样方法安装第三、第四片组拼模板并支撑→检查柱模中心线与垂直度→检查、校正对角线→自下而上安装柱箍→全面检查安装质量→与群柱连接固定。

单片预组拼柱子钢模板安装方法和操作要点：

1）柱模底基面清理、找平时，先完成模板定位基准设置。

2）将运至现场的预组拼单片模板，检查其对角线、板边平直度及外形尺寸，合格后吊装第一片模板就位并作临时支撑。

3）进行相邻的第二单片模板吊装就位，用 U 形卡与第一片模板组成 L 形，同时做好支撑。同样程序和方法完成第三和第四片模板的吊装就位和组装。

4）组装完成后随即检查位移、垂直度、对角线情况，经校正无误后自下而上安装柱箍。

5）全面检查合格后，与相邻柱群或四周支架临时拉结固定。

6）其他操作要点与注意事项参见第 3-18 问。

第 3-18 问　柱子组合式钢模板整体预组拼方法与安装要点是什么？

整体预组拼组合式柱钢模板安装程序：

预制组装成整体柱模运至现场→吊装前检查→吊装就位→安装支撑或缆风绳→全面质量检查→整体固定。

安装方法与操作注意事项：

1）在吊装前先检查已经整体预组装的模板上、下口对角线的偏差，检查连接件、柱箍等的牢固。

2）用钢丝将柱钢筋顶端捆绑在一起，以便柱模从顶部顺利套入柱筋内，如图 3-18 所示。

3）整体柱模板吊装就位，底模与放线的中心线初步找正，用四根支撑或装有紧张器的缆风绳与柱顶模四角拉结，并校正柱模中心线及垂直度，如图 3-17 所示。

4）群体柱模可分区段安装，每区段柱模安装完后，经检

整体预组装钢柱模

整体钢柱模吊装

图 3-18　整体预组装钢柱模安装

查合格可进行整体联结固定。

第3-19问 怎样做好柱、墙模板安装的定位基准工作？设置定位基准有哪些方法？

在墙、柱等竖向结构模板安装前，要认真做好模板的定位基准工作，其工作内容和工作步骤如下：

1）进行中心线及位置的放线。首先引测建筑物的边柱或墙的轴线，并以该轴线为起点，引测出每个轴线，作为模板放线的依据，然后进行模板放线。

模板放线时根据施工图尺寸，用墨斗弹出模板的内边线与中心线，墙模板要弹出模板的边线和外侧控制线，以便于模板安装与校正。

2）做好标高引测工作。用水准仪将所在建筑物楼层的实际标高要求，直接引测到模板安装位置。

3）对模板落座位置进行找平工作。模板承垫底部应预先找平，确保模板的位置正确，防止模板底部漏浆。通常用1：3水泥砂浆沿模板边线抹出找平层，如图3-19a所示。若在外墙或外柱部位，在安装模板前，需要先安装模板承垫条带，如图3-19b

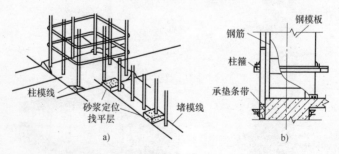

图3-19 墙、柱模板安装基准传统定位法

a）砂浆找平层 b）外柱外模板设承垫条带

所示，并校正平直。

4）设置模板定位基准。

① 传统做法：根据构件的断面尺寸，先用同强度等级的细石混凝土浇筑 50～100mm 厚的短柱或导墙，作为模板安装的定位基准。

② 钢筋定位做法：根据构件断面尺寸，切割一定长度的钢筋头或角钢头，点焊在构件主筋上（注意不得损伤主筋断面），按相对两排主筋的中心位置分档，确保钢筋与模板位置的正确，如图 3-20 所示。

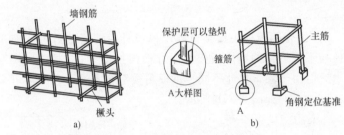

图 3-20　墙、柱模板安装基准钢筋定位法

a）钢筋定位　b）角钢头定位

第 3-20 问　怎样留设柱子模板梁接口、清扫口和浇筑口？

1）柱子模板梁接口设置方法。现浇柱子模板顶端，根据柱子所在位置单侧或双向或三侧或四侧面，通常都要留设与梁连接的缺口。缺口的尺寸即是梁的宽和高，但洞口梁高度要扣除楼板的厚度来计算。缺口两侧和底边要设置衬口木档，木档离缺口边要留出梁侧模和梁底模厚度，用钉子固定在柱模上，以便连接时梁侧模和底模伸入搁置在木档上，使梁侧模和底模内面与柱模缺口一平，见图 3-21 示意。

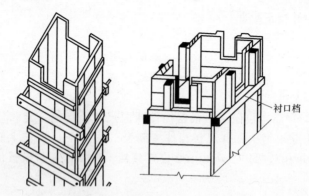

图 3-21　木柱模顶梁接口构造示意

2）组合钢模柱头梁接口在配模设计时要考虑好。一般用角模与不同规格的钢模板作梁嵌补模板拼出梁口，如图 3-22a 所示。但由于梁口尺寸不同，钢模角模组合不适合，一般可采用木方镶拼，如图 3-22b 所示。

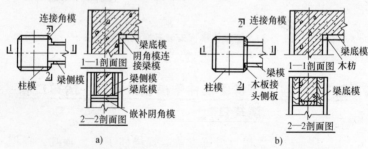

图 3-22　柱顶钢模梁口构造示意

a）柱顶梁口采用嵌补角模　b）柱顶梁口采用木方镶拼

3）柱模根部的一侧需留设一个清扫口，留设方向根据实际情况，不碍施工操作，能便于清扫的一侧即可。洞口宽同柱宽，高度能方便清扫，一般 200~300mm 为宜，见图 3-23 示意。

4）按照现行混凝土规范规定，浇筑混凝土自由倾落高度不能超过 2m，柱模高度大于 2m 的要设置混凝土浇灌口，如图 3-24 所示。但洞口设置方位一般按模板施工方案执行。

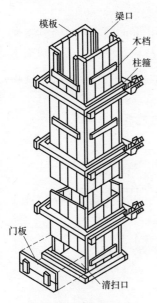

图 3-23　清扫口示意

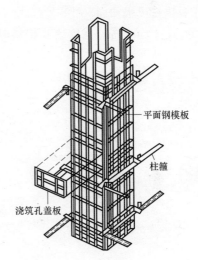

图 3-24　浇灌口示意

第 3-21 问　砖混结构中构造柱模板施工要点是什么？

砖墙内构造柱模板通常采用竹木胶合板。支模方式一般不设支撑结构，将模板紧贴拟浇柱两侧墙面，用 8 号铁线紧固，如图 3-25 所示。

施工要点：

1）按砌筑预留的柱空间制作模板，模板宽度必须大于构造柱宽度，两边各多出 100mm。

173

2）距墙体预留马牙槎边 50mm 粘贴海绵条，防止漏浆。

3）合模前将构造柱根部凿毛，并将残留砂浆及垃圾清扫干净。

4）模板刷脱模剂后进行安装。用 60mm×90mm 的方木龙骨进行模板加固，用 8 号铁线紧固拉结相对模板，铁线间距不宜大于 500mm。在穿墙及拉结时，注意对墙体保护，不得拉动墙体变形。

5）柱模板根部用砂浆封堵，防止模板底部漏浆。

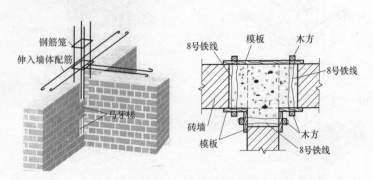

图 3-25　构造柱模板示意图

第 3-22 问　矩形单梁木模板的制作与安装要点和注意事项是什么？

1）梁模板主要由侧板、底板、托木、搭头木、支撑等组成。其基本构造与要求是：

① 梁模板结构构造的基本原则是边模包底模。模板配制都必须遵守这个基本原则要求。

② 梁底模板的厚度通常采用 40~50mm，用长条木板加木档拼制，或用整块木板，底模宽度等于混凝土梁的宽度，长度

等于相邻两个支座间的净距离。

③ 梁侧模板厚度通常为 25~30mm，用长条木板加木档拼制，侧模搭夹底模，故侧模板宽度为梁高加底模板的厚度，侧模长度与梁底模相等。拼制长条木板的木档采用 50mm×50mm 的木方，间距一般为 500mm。

④ 梁底模下每隔一定距离设置支顶撑。两侧模外侧下方设通长夹木，将梁侧模与底模夹紧，并钉牢在木支顶横担上。侧模外上方设有通长的托木，为搁置楼板模板龙骨所用，同时也增强梁侧模板的纵向刚度。托木标高视楼模板要求确定。侧模用斜支撑固定，上口用搭头木固定宽度。

⑤ 梁跨内若有次梁连接，则主梁侧模上在次梁位置留出缺口，并钉上衬口档，以便交接时，次梁的侧板和底板钉在衬口档上。

梁木模板用料可按表 3-3 选取，仅供参考。

表 3-3　梁木模板用料参考表　　（单位：mm）

梁高	梁侧模板厚(≥25)		梁底模板厚 40	
	木档间距	木档断面	支承点间距	支承琵琶头断面
300	550	50×50	1250	50×100
400	500	50×50	1150	50×100
500	500	50×75(平摆)	1050	50×100
600	450	50×75(立摆)	1000	50×100
800	450	50×75(立摆)	900	50×100
1000	400	50×100(立摆)	800	50×100
1200	400	50×100(立摆)	800	50×100

注：1. 支柱用 100mm×100mm 方木或 φ80mm~φ120mm 圆木。

　　2. 琵琶头（梁高≤500mm）长为梁高×2+梁宽+300mm。

梁木模构造与主次梁模板交接示意，分别如图 3-26、

图 3-27所示。

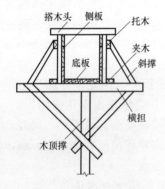

图 3-26　单梁木模示意　　　图 3-27　主、次梁木模板交接示意

2）单梁模板安装程序：

按梁轴线位置照设计要求起拱搭设顶撑支架→梁底模板就位→绑扎钢筋→安装梁侧模板→复查轴线位置→安装夹木和梁箍固定侧模→调整主次梁及与柱子连接口的尺寸与位置→加固支撑系统。

3）单梁木模板安装方法：

① 梁模板支设前要复核梁轴线位置和连接两端柱口的梁底标高，并在下方地面上铺垫板。

② 将梁底板两端搁置在柱（墙）模衬口档上，并靠柱（墙）边立设顶撑，同时按设计间距在梁跨内搭设梁模顶撑支架，调整梁底标高，按设计要求起拱。然后固定顶撑支柱下的木楔。梁底模就位时，铺设梁底模板要拉线找直。

③ 安装梁侧模板，放在梁底顶撑立柱的横担上，两头要钉牢在衬口档上。同时在侧板外侧铺上夹木，用夹木将侧模板夹紧并钉牢在顶撑立柱的横担上。在侧板上部按标高要求安设托木，拉线校正梁模轴线和边线，随即支顶斜

撑固定。

④ 次梁模板安装方法与主梁相同。次梁模板安装要待主梁模板安装固定并校正后进行。次梁的侧板和底板钉在主梁的衬口档上。次梁侧模外侧要按楼板模板龙骨底标高钉上托木。

模板安装需要注意的事项：

1）边梁的支撑加固只能单方向进行，因此边梁在支撑加固时必须在下层楼板设地锚连接，防止边梁移位。

2）底层梁模支柱在土面上应夯实平整或地面硬化，支柱底部应有垫木，并要有排水设施。

3）梁底模顶撑支柱设置应经模板荷载计算确定。支柱的纵横向的水平拉杆、剪刀撑均应按设计要求布置。当无设计要求时，支柱间距不宜大于 2m，纵横向拉杆间距不宜大于 1.5m，纵横方向的剪刀撑间距不宜大于 6m。

4）木立柱的木扫地杆、水平拉杆、剪刀撑应采用搭接连接，用铁钉钉牢。

材料采用 40mm×50mm 木楞或 25mm×80mm 的木板条，要与木立柱连接钉牢。

5）安装主次梁相交的模板，要先安装主梁模板，并经主梁模板轴线、标高复核校正后固定好。在次梁通过的主梁侧模上留出与次梁断面相同的缺口，并在缺口处加钉衬口档，连接次梁模板。

6）有预埋件时，位置和数量应准确，预留孔洞位置应设置在梁高的中间部位，以防削弱梁的截面，而影响梁的承载力。

7）梁跨度 ≥4m 时，应在跨中、梁底按设计要求起拱。如果无设计要求，则起拱高度为梁跨度的 0.2%～0.3%。主次梁交接时先主梁起拱，后次梁起拱。悬挑梁需在悬臂端起拱，支撑应适当加密。

 第 3-23 问 **钢框胶合板梁模板有几种安装工艺？施工要点是什么？**

钢框胶合板梁模板安装有单块安装、单片预组拼模板安装和整体预组装模板安装等三种施工工艺。

1. 单块就位安装施工程序及施工要点

1) 施工程序：放出梁轴线和水平线→搭设梁模支架→安装梁底楞或梁卡具→安装梁底模板→梁底起拱→绑扎钢筋→安装梁侧模板→安装上下销口楞、斜撑楞、腰楞和对拉螺栓→复核梁模尺寸、位置→与相邻模板连接牢固。

2) 施工要点：

① 在混凝土柱上弹出梁轴线和梁底模标高引测用的水平线，并复核。

② 安装梁模支架。在支柱下铺设通长木垫板（若地基是土层，则先行夯实平整），注意楼层上下支柱应设在一条直线上。通常设计支柱为双柱，间距以 600~1000mm 为宜。双支柱顶端连接固定 100mm×100mm 方木或定型钢楞或梁卡具，双柱中间及下方用横杆或斜杆拉结，支柱底部加可调底座。

③ 在支柱上调整预留底模板的厚度，起拱度满足设计要求后，拉线安装底模并找直。底模上应拼上连接角模。

④ 底模上绑扎钢筋验收合格后，清除杂物。安装梁两侧模板，与底模连接角模用 U 形卡连接。用梁卡具或安装上下销口楞和外竖楞，附以斜撑，间距宜为 750mm。当梁高超600mm 时，需加腰楞，并用对拉螺栓加固。侧模上口要拉线找直，用定型夹子固定。

⑤ 复核检查梁模尺寸，并与相邻梁柱模板连接固定。有

楼板模板时，在梁侧模上连接阴角模，与楼板模板拼接紧固。

2. 梁模板单片预组拼安装施工要点

1）检查预组拼单片模板的尺寸、对角线、平整度、钢楞的连接、吊点的位置和梁的轴线及标高。

2）符合设计要求后，先把梁底模吊装就位于支架上，连接固定，并按要求起拱。然后分别吊装梁两侧模，并与底模连接。

3）安装侧支撑固定侧模，检查梁模尺寸、位置正确后，安装钢筋骨架吊入模内或在梁模上绑扎钢筋后放入模内就位。

4）扣上梁上口卡，与相邻模板连接固定。其操作细节同单块模板安装施工要点。

3. 整体预组装梁模板安装施工要点

1）复核梁模板轴线和标高，搭设双排梁模板支架，横向双支柱间安装木（钢）楞。

2）梁底模长向安装通长钢（木）楞连接固定，以增加底模的整体稳定性，并在梁上口加支撑，以增加梁的整体刚度，便于吊运。

3）复核预组装梁模尺寸、连接件、钢楞及吊点位置，进行试吊。

4）吊装就位，校正梁轴线、标高，检查合格后，梁底模两边长纵楞，与支架横楞固定，梁侧模用斜撑固定。

第3-24问　梁板采用钢管脚手架作支撑有哪些要求？

有时在现浇框架结构的梁和楼板施工中，采用钢管脚手架作支撑，俗称满堂架子。有扣件式钢管脚手架、碗扣式钢管脚手架和门式支架三种形式。用钢管脚手架作支撑，施工比较简单，但需要大量的钢管脚手材料，由于混凝土有一定的养生时间，积压时间较长，周转缓慢，不在特殊情况下很少采用。

采用钢管脚手架作支撑梁、板模板示意如图3-28所示。

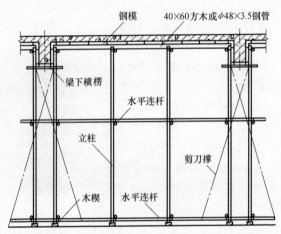

图3-28　钢管脚手架作支撑梁、板模板示意

用扣件钢管脚手架做支架的注意事项：

1）采用扣件钢管脚手架做支架时，应检测扣件的扭力矩，扣件应拧紧，横杆的步距应符合设计要求。

2）立杆底端应设置底座和通长木垫板，垫板长度大于3个立杆间距，板厚不应小于50mm，板宽不应小于200mm。

3）在立杆底距地面200mm高处，沿纵横向应按"纵下横上"的顺序设扫地杆，当支撑地面不在同一高度，而高低差小于1m时，必须将高处的纵向扫地杆向低处延伸两跨，与立杆固定，但靠边坡上方的立杆距外边坡边缘不应小于500mm，如图3-29所示。

4）立杆需接长时严禁搭接，必须采用对接扣件式连接，相邻两立杆对接要错开，接头不应在同步架内。对接接头沿竖向距离不应小于500mm，各接头的中心距主节点不应大于步距的1/3。

5）立杆顶端及底座的调节螺杆伸出长度不应大于200mm。

6）钢管立柱的扫地杆、水平拉杆、剪刀撑应使用ϕ48mm×3.5mm钢管，用扣件与钢管立柱扣牢。钢管扫地杆、水平拉杆应采用对接，剪刀撑采用搭接，搭接长度不得小于500mm，并采用2个旋转扣件分别在离杆端不小于10mm处固定，如图3-30所示。

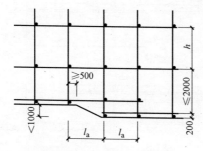

图 3-29 地面高差立杆设置

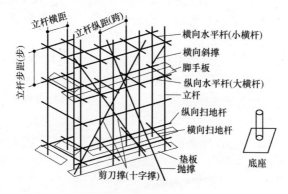

图 3-30 支撑结构示意

第 3-25 问 **组合式梁钢模板的配板原则与要求是什么？**

选用小型组合式钢模板组拼梁模板时，应根据施工图进行钢模板配板设计，绘制钢模板配板安装图。梁钢模配板原则和要求是：

1）模板排列采取横向排放，即模板长方向顺梁长向设置，板端缝错开，如图 3-31 所示。

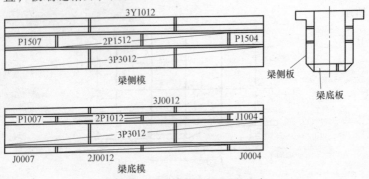

图 3-31　矩形梁模板配板图示意

2）底模和侧模的模板宽度的选择应适合梁断面尺寸的型号配板，可参考表 3-4 选配。

3）底模配板长度要根据与柱（墙）相接情况确定，一般用连接阴角模与不同规格的钢模板作嵌补模板拼出梁口，则配板长度为梁净跨减去嵌补模板的宽度。也有的梁口连接角模用木方代替嵌补，则减去嵌补木方宽度即是。

4）配制与楼板相连的梁，则梁侧模宽度要考虑沿梁的侧模上要组装连接角模，以便与楼板模连接，因此侧模宽度为梁高减去楼板厚度，再减去连接角模宽度即是。

5）梁底部钢楞布置应与梁模长度方向垂直，直接承受钢模传递的荷载，其间距按荷载计算确定，一般荷载≤50kN/m²时，间距为750mm。钢楞端头伸出侧模100mm以上。

6）配板图上要根据安装顺序编号，以便指导施工现场进行组拼。

表3-4 钢模板按梁（柱）断面宽度配板参考表

（单位：mm）

序号	断面边长	排列方案	参考方案		
			一	二	三
1	150	150			
2	200	200			
3	250	150+100			
4	300	300	200+100	150×2	
5	350	200+150	150+100×2		
6	400	300+100	200×2	150×2+100	
7	450	300+150	200+150+100	150×3	
8	500	300+200	300+100×2	200×2+100	200+150×2
9	550	300+150+100	200×2+150	150×3+100	
10	600	300×2	300+200+100	200×3	
11	650	300+200+150	200+150×3	200×2+150+100	300+150+100×2
12	700	300×2+100	300+200×2	200×3+100	
13	750	300×2+150	300+200+150+100	200×3+150	
14	800	300×2+200	300+200×2+100	300+200+150×2	200×4
15	850	300×2+150+100	300+200×2+150	200×3+150+100	
16	900	300×3	300×2+200+100	300+200×3	200×4+100
17	950	300×2+200+150	300+200×2+150+100	300+200+150×3	200×4+150
18	1000	300×3+100	300×2+200×2	300+200×3+100	200×5
19	1050	300×3+150	300×2+200+150+100	300×2+150×3	

第 3-26 问 组合式钢梁模板单块就地组装方法和操作要点是什么?

组合式钢梁模板由底模板、两侧模板、梁卡具和支架系统组成。底模板与两侧模板用连接角模连接,侧模板用梁专用卡具固定,整体梁模板用支柱、水平撑和斜撑组成支架系统支撑,如图 3-32 所示。

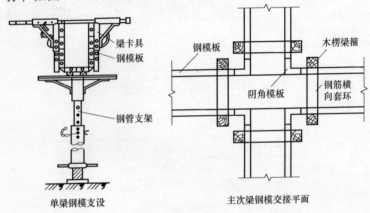

单梁钢模支设　　　　　　主次梁钢模交接平面

图 3-32　钢梁模板支设示意

组合式钢梁模板有两种安装方法:即单块模板就地组装或整个梁模预组装后吊装就位的方法。就地组装梁模板的安装方法和操作注意事项如下。

1. 安装顺序

地面弹线定位→架设竖向(立柱)支撑系统→调整梁底标高(拉线、起拱、找正横担标高)→安装梁底模板→绑扎钢筋→安装梁侧模板→安装梁卡具及支撑→预检。

2. 组装方法和注意事项

1)复核梁底标高线,校正轴线位置。

2）架设竖向支架和安装水平拉杆和剪刀撑等支撑系统，按梁底标高和起拱要求调整标高，固定钢楞（横担）。

3）在钢楞上铺放梁底板，拉线找直，并用钩头螺栓和钢楞固定。

4）梁底模两侧拼接角模。绑扎钢筋后，安装并固定两侧模板，拧紧锁口管，拉线调整梁口平直，用梁卡具固定。

5）最后对梁的断面尺寸、中心位置、标高、起拱度进行复查，校正合格后，固定支撑系统。

6）梁的跨度大于 4m 时，应按设计要求起拱，无明确要求时，一般起拱度按梁跨度的 2‰～3‰ 起拱。

7）梁底部钢楞布置应与梁模长度方向垂直，直接承受钢模传递的荷载，其间距按荷载计算确定，一般荷载 $\leqslant 50kN/m^2$ 时，间距为 750mm。钢楞端头伸出侧模 100mm 以上。

8）梁口与柱头模板的节点连接，可采用嵌补模板或木方镶拼处理。

9）梁模支撑立柱的布置应由模板设计计算确定，照模板施工方案要求布置。

10）模板支柱的纵、横向水平拉杆、剪刀撑等都应按模板施工方案设计要求布置。一般支柱间距不宜大于 2m，纵、横水平拉杆的上下间距不宜大于 1.5m，纵、横方向垂直剪刀支撑的间距不宜大于 6m。

第 3-27 问　组合式钢梁模板预拼整体安装方法和操作要点是什么？

预拼整体梁模板安装，有两种支架体系。当采用立柱支撑体系支模时，在整体梁模板吊装就位并校正后，进行模板底部和支架的固定，侧面用斜撑固定。

立柱支撑体系安装程序：

架设竖向（立柱）支撑系统→调整梁底标高（拉线、起拱、找正横担标高）→预拼整体梁模运至吊装地→吊装整体梁模就位→模板底模与支架固定→绑扎钢筋→调正固定梁卡具及支撑系统→预检。

当采用桁架支撑体系支模时，可将梁卡具、梁底桁架全部事先固定在梁模上，安装就位时，梁模准确安放在两端的立柱上就可，如图3-33所示。

桁架支撑体系安装程序：

架设梁两支架立柱支撑系统→调整支架立柱标高及拉线校正中心位置→预拼附有桁架的整体梁模运至吊装地→整体梁模吊装搁置在支架柱上→梁模支承桁架与支架柱固定→绑扎钢筋→调正固定梁卡具→预检。

梁模组拼方法与注意事项参见第3-29问。

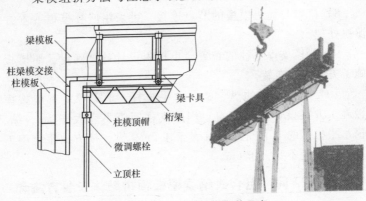

图3-33 整体钢梁模板安装示意

第3-28问　木模、组合钢模拼制圈梁模板的基本构造和要点是什么？

圈梁木模板是由横担、侧板、夹木、斜撑和搭头木等部件组装而成，如图 3-34 所示。其基本构造和安装要点是：

1）圈梁宽度同墙厚，圈梁不做底模，通常以墙顶面作底模。圈梁支模也要遵守边包底的设计配制原则。

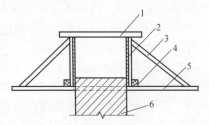

图 3-34 圈梁木模板构造示意
1—搭头木 2—侧板 3—斜撑
4—夹木 5—横担 6—砖墙

2）为搁置圈梁的侧模板，在砖墙顶面砌筑时，按一定距离设置横担，横担采用 50mm×100mm 木方，伸出墙侧面以大于侧模宽为宜（即保持斜撑夹角在 30°~45°之间即可），横担间距 500mm。安装横担。将木横担穿入梁底一皮砖处的预留洞中，横担两端露出墙体的长度要一致，找平后用木楔将其与墙体固定。

3）圈梁侧模板的木板厚度 20~25mm，使用胶合板不小于 15mm，宽度等于混凝土圈梁的高度加横担上皮至砖墙顶面的高度。圈梁侧模板可用木板条或多层胶合板组拼成定型模板，用 50mm×50mm 木档，间距 400mm 加固，木档上端与圈梁侧模上皮平，下端长出侧板 10~20mm。安装圈梁侧模板。将侧模板搁置在横担上，内侧面紧贴墙壁，调直后用夹木和斜撑将侧模固定。斜撑上端钉在侧板的木档上，下端钉在横担上。

4）梁侧模必须有夹木（俗称压脚板）和斜撑。夹木宜用 50mm×60mm 通长木方，夹紧侧模使面板紧贴墙面，避免浇筑混凝土时漏浆；用钉固定在横担上，起到固定侧模底部作用；斜撑宜用 50mm×50mm 木方，间距同横担，并拉通线校直后将侧模钉牢固定。在内外墙圈梁的交接处做好模板的搭接。

5）搭头木宜用 50mm×50mm，间距 1000mm 左右，用铁钉与两边侧模钉牢，以固定两侧模顶端位置，使浇筑混凝土时侧模不胀模变形，确保圈梁断面符合设计要求。

6）标出梁顶标高线。在侧模内侧面弹出圈梁上皮线，控制混凝土浇筑高度。

组合钢模拼制的圈梁模板由平板模、梁卡具和连接角模等配件构成。由于梁卡具形式不同，圈梁构造随梁卡具不同有所变化。图3-35a为用梁卡具做梁侧模的底座，上部用弯钩固定钢模板位置；图3-35b为用连接角模与拉结螺栓做梁侧模底座，梁侧模上部用Ⅱ形钢筋拉杆固定，图3-35c为用型钢和钢板加工成的工具式圈梁卡。

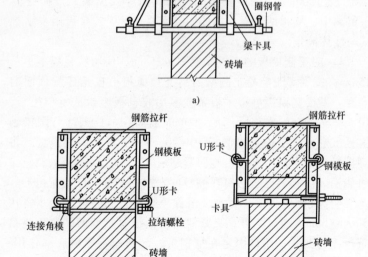

图3-35　圈梁钢模板构造示意图

第 3-29 问 木质墙模板的基本构造要求及制作尺寸是怎么确定的？

木质墙模板是由侧平板模、立档（内背楞）、牵杠（外背楞或横挡）、拉杆（对拉螺栓）、撑头、支撑组成，如图 3-36 所示。

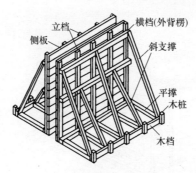

图 3-36 墙木模板示意

墙模板的组拼方式应根据墙体的面积来确定，木板可横向和竖向铺设，一般墙面较宽可采取竖铺，反之横铺，但也不绝对，通长横铺的较常见。

1. 墙侧模板尺寸确定

1）墙模板高度确定：一般墙模高度有两种情况：

① 设计墙面直接顶于楼板底的，则墙模板高度按层高减去楼板厚度和连接角模厚度。

② 墙顶面顶在梁底的，则墙模板高度为层高减去梁高和梁底连接角模厚度，但这种情况通常墙梁模板同时安装。

2）墙宽则为两端支点柱或墙的净距。然后画制模板构造施工图，指导现场安装。

3）也可按墙体设计图尺寸，绘制模板组拼图，确定单块模板尺寸和数量，即一个墙面由多块模板拼装组成，单块模板可预先在场外预装成片模，运至现场吊装就位。这种方式一般用于多层胶合板作平面模板（见图3-37），可减少木条板拼缝，同时使用于同类墙面积较多的标准层中，可多次周转使用。预组装的单片墙模制作完成后要按顺序编号，并要对片模作加固处理，保证在运输吊装过程中有足够的整体刚度，不变形。

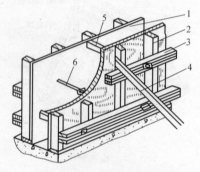

图 3-37　胶合板墙模板示意
1—胶合板面模　2—内楞　3—外背楞　4—斜撑
5—撑头　6—对拉螺栓

2. 墙体模板构造基本要求

1）墙体模板木板厚度不小于25mm；模板背面木档为40mm×60mm 木方，间距为500mm；胶合板厚度不小于18mm，模板内楞（立档）50mm×100mm 木方，间距400～500mm。

2）模板内外背楞可采用木方或钢楞，规格和间距通过对侧压力计算来确定。

3）支撑用 60mm×90mm 木方或者用 φ48mm×3.5mm 钢管。

墙体木模板用料可按表3-5选取，供参考。

表 3-5 墙体木模板用料参考表 （单位：mm）

墙厚	模板厚	立档		横档		加固拉杆
		间距	断面	间距	断面	
≤200	25	500	50×100	1000	100×100	纵横间距不大于1000，交错排列，用8～10#铁线或 $\phi12$～$\phi16$ 螺栓连接
200 以上	25	500	50×100	700	100×100	

第 3-30 问 怎样安装木质墙模板？施工要点是什么？

墙木模板安装顺序：弹线→抹水泥砂浆找平→安装门窗洞口模板→安装一侧模板→清理墙内杂物→安装另一侧模板→调整固定→预检。

墙模板安装方法：墙模板的安装可分为现场拼装与场外预拼装到现场整片安装两种。墙模板安装要求基本与柱子木模板相同，只是不用柱箍，而用立档、横牵杠及对拉螺栓加固。也有先安一侧模板，待墙钢筋绑扎后，再安装另一侧模板的做法。

墙模板安装施工要点：

1）在定位放线前基面必须先行找平、清理，然后弹线，使墙模板安装后模底沿与基面紧贴，防止漏浆。

2）侧模组拼时，上下竖向或左右横向拼缝要互相错开，板缝紧密平整；先立两端，后立中间部分。

3）安装完一侧的模板后，临时用支撑撑住，安装门窗洞口模板，用线锤校正模板的垂直度，然后钉牵杠，再用斜撑与水平撑固定。在钢筋绑扎后，按同样方法安装另一侧模板和支撑系统等。

4）为了保证墙体的厚度，在两侧模板之间可设置临时的小木方撑头（小木方长度等于墙厚），小木方撑头要随着浇筑混凝土依次取出，钢撑头可不取出。若是防水混凝土墙则采用带有止水板的钢撑头。

5）为避免浇筑混凝土时墙身模板鼓胀，可用8～10号钢丝或直径12～16mm对拉螺栓拉结两侧模板，间距不大于500mm。对拉螺栓要纵横排列。这种直埋式的对拉螺栓，在拆模后将露在墙外的丝头割除，浪费较大。也有在混凝土初凝后采取转动螺栓方法，便于凝结后取出，但该工作也很困难。现在通常采取在对拉螺栓位置设套管，螺栓穿过套管拉结模板，混凝土凝结后，轻松取出周转使用。若墙体不高，厚度不大，也可在两侧模板上口钉上搭头木。

第3-31问　墙体组合钢框木（竹）胶合板模板有几种安装方法？施工要点是什么？

采用组合钢框木（竹）胶合板作墙体模板，其安装方法有单块就位组拼和预拼装墙模板两种安装工艺。

单块就位组拼施工要点：

1）安装模板前，先按位置线安装门窗洞口模板，与墙体钢筋固定，同时安装好预埋件或木砖等。

2）安装模板宜采用两侧模板同时安装。第一步模板边安装锁定边插入穿墙螺栓或对拉螺栓及套管。并将两侧模板对准墙线使之稳定，然后用钢上卡或蝶形扣件和钩头螺栓固定于模板边肋上，调整两侧模平直。并以同样方法安装直至墙顶部。

3）安装内钢楞和外钢楞，并将其用方钢卡或蝶形扣件与钩头螺栓及内钢楞固定，穿墙螺栓由内外钢楞中间插入，用螺母将蝶形扣件拧紧，使两侧模板成一体。钩头螺栓、穿墙螺栓、对接螺栓等连接件均需连接牢靠，松紧力度一致。

4）安装斜支撑，调整模板垂直度，合格后，各墙、柱、楼板模板连接。

第3-32问　墙体组合钢模板的构成和配板原则是什么？

剪力墙采用定型组合钢模板作墙体模板，由平面模板、异型模板、支承件和连接配件构成。

墙模板以平面模板为主，阴阳角模板配合组成，模板间由U形卡具连接。

支承件内钢楞，是直接接触墙面模板的型钢，与平面模板长方向垂直布置，其作用是支撑墙模板并加强墙模板刚度，通常使用钩头螺栓与墙模板连接，如图3-38所示。

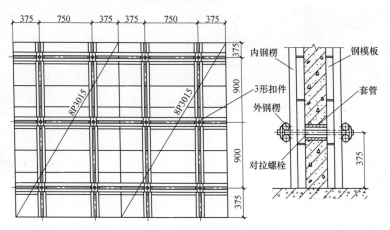

图3-38　墙体组合钢模板拼装示意

支承件外钢楞，是垂直于内钢楞设置的型钢，用扣件和对拉螺栓与内钢楞紧扣连结，其作用是支撑内钢楞并加强墙模板的整体刚度。

斜支撑与外钢楞连接，支撑墙模板，增加墙模板的刚度和稳定性，也起墙模板垂直度找正作用，如图3-39所示。

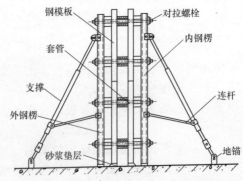

图3-39　墙体组合钢模板连接支撑构造示意

墙体组合钢模板配板的基本原则和要求是：

1）墙组合钢模板配板应首选较大型号的定型模板，如尽量选用P3015或P3012规格钢模板为主板，其他规格钢模板作为拼凑模板用，使墙模板配制的种类和块数最少，不但减少配件，拼装省时省力，也增强模板整体刚度，方便拆模。

2）配板时应能配出以50mm为模数的系列规格的钢模板。一般选择长度为1500mm、1200mm、900mm、750mm，宽度300mm、200mm、150mm、100mm，基本可满足要求，个别部位可用木材作镶补。

3）钢模板要考虑排列方向，一般以模板长度沿墙长方向横向排列，可充分利用长度较大的模板，并有利于支承件（内外钢楞）的合理布置。

4）在与墙、柱交角处或梁口处选用合适的阴角模，无合适角模时可用方木代替。阳角模一般用于转角边较大处，转角边长度较小时，可采用连接角模代替。

5）配板时要注意避免钢模板的边肋直接与混凝土面相接触，否则钢模边肋容易被混凝土咬住，不利于拆模。同时配板时要考虑尺寸要留有一定余地，给安装时留有调整空间。长度超过4m的就需留设，一般在4~5m时留3~5mm。最后的空隙用木模补齐。

6）支承部分，内钢楞布置方向与模板长度方向相垂直，承受钢模板传递的荷载，内钢楞间距应通过荷载计算确定，一般经验，荷载≤50kN/m² 时，通常间距采用750mm。布置内钢楞时其端头要伸出模板边肋10mm以上，防止钢模边肋脱空。外钢楞方向与内钢楞垂直，承受内钢楞传递的荷载，并起加强模板整体刚度和调整模板平直度的作用。模板的支承跨距根据钢模板布置形式分为：钢模板端头缝齐平布置，则要求每块板应有两个支承点，当荷载≤50kN/m² 时，通常跨距≤750mm。当钢模板端头缝错开布置时，支承跨距一般不大于主配板长度的80%。

第3-33问　墙体组合式钢模板的安装方法和要点是什么？

墙的组合式钢模板安装方法，有单块组装与预拼组装两种。但无论采用哪种方法，都要事前按设计图要求作配板设计，按照画出的模板施工图进行施工。

总体墙钢模板安装顺序：应按照先横墙后纵墙，先内墙后外墙，先门窗洞口模和角模后墙体两侧模的原则进行安装作业。

1. 单块组装步骤及操作要点

1）根据轴线位置弹出墙里皮和外皮边线，以及门、窗洞口的位置线；按水平线定出模板底标高并用砂浆找平，做定位块。

2）安装门窗洞口模板并固定。

3）自下而上由墙两侧同时安装模板，第一步首层模板安装时宜预组装成人力能搬运的块体模板，然后就位安装在基面上，把块体模板连接起来。安装时模板面对准墙边线，墙两侧模板同时安装，边安装边插入对拉螺栓及套管，加临时支撑，内钢楞用3形或蝶形扣件和钩头螺栓固定在模板上，对拉螺栓从钢楞中间插入，用3形或蝶形扣件和钢楞固定。

4）第二步模板往上安装时，采取单块安装方法，墙体两侧模板同时进行，随时用U形卡连接底边与侧边，边安装边插入螺栓及套管，安装钢楞等与第一步相同。

5）第三、第四步等照第二步方法安装，当钢模和内钢楞安装到顶以后，在内钢楞外侧安装外钢楞，内外钢楞用紧固螺栓及3形或蝶形扣件固定为一体。

6）拧紧对拉螺栓。

7）安装斜撑，调整垂直时，边用斜撑调整，边用靠尺检查，直至墙面模板合格，固定斜撑。

组合式墙钢模板组装结构构造见图3-40示意。

2. 墙模板单块就地组装施工注意事项

1）模板按弹的边线对准就位，组拼时宜从墙角模开始，从两个方向相向组拼，以减少临时支撑。组装时相邻模板边肋用U形卡连接，并反正交替，宜满扣U形卡，U形卡的间距不得大于300mm，以确保墙模板的整体性。

2）当组装到设计预定设置内钢楞位置时，可安装内钢楞，内钢楞应与模板肋用钩头螺栓紧固，其间距不大于600mm。

3）组装模板时注意带穿孔的两模板要对称放置，以便穿墙对拉螺栓与墙板保持垂直。

4）预留的门窗洞口模板应有一定锥度，定位要准确，固

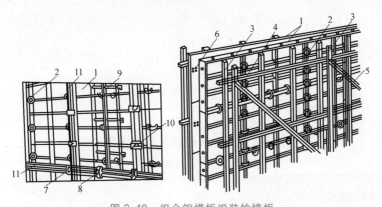

图 3-40 组合钢模板组装的墙板

1—定型钢模板 2—回形销卡具 3—立档 4—横档 5—斜撑 6—钉孔
7—扣件 8—紧固螺栓 9—插销 10—扣件 11—纵横连杆

定要牢靠，保证既不变形，又便于拆除；墙上预留的孔洞，遇有钢筋时，尽可能设法保持钢筋位置，若确需要移动时，必须由技术人员来决定解决，不得私自移动甚至切断。

5）墙模板的清扫口或浇筑口的设置方法同柱模，洞口的水平距离一般按 2.5m 设置。

3. 预组拼墙整体模板的施工注意事项

预组拼墙整体模板需要在场外有较大的组装场地和相适应的吊、运设备。为保证模板吊动时的整体刚度，组装时平模时背钢楞同时安装完成。运至现场吊装就位加支撑固定即是。

1）安装时应边就位边校正，并随即安装各种连接件、支撑件或加临时支撑，且必需待模板支撑稳固后方能脱钩。

2）当墙面较大时，模板可分几块预拼。安装时模板之间应按设计要求增加纵横附加钢楞，当无设计要求时，连接处的钢楞数量和位置应与预组拼模板上的钢楞数量和位置相同。附加钢楞的位置在接缝处，两边与预组拼模板上的钢楞搭接，长度宜为预组拼模板全长（宽）的 15%～20%，模板拼缝处的 U 形卡扣要满扣。

3）其他参见单块模板组装要求和注意事项。

第3-34问 **组合式钢模板单块拼装和预组装的质量标准是什么？**

组合式钢模板单块拼装板面的质量标准见表 3-6。

表 3-6　组合式钢模板单块拼装的质量标准

项　　目	允许偏差/mm	项　　目	允许偏差/mm
两块模板之间的拼接缝隙	≤1.00	组装模板板面的长宽尺寸	±2.00
相邻模板面的高低差	≤1.50	组装模板两对角线长度差值	≤3.00
组装模板板面平整度	≤2.00		

注：组装模板板面的面积为 2100mm×2000mm。

预组装的模板拼装质量允许偏差见表 3-7。

表 3-7　预组装的模板拼装质量允许偏差

项　　目	允许偏差/mm
两块模板之间拼接缝隙	≤2.00
相邻模板面的高低缝	≤2.00
组装模板板面平整度	≤3.00（用 2m 长平尺检查）
组装模板板面的长宽尺寸	≤长度和宽度的 1/1000，最大±4.00
组装模板板面两对角线长度差值	≤对角线长度的 1/1000，最大≤7.00

第3-35问 **墙体大模板的结构构造和主要材料规格有哪些？**

大模板一般主要用于住宅或公寓建筑现浇墙体中。通常使用全钢大模、钢木或钢竹胶合板大模板三种类型施工工艺。大模板结构一般由面板、钢骨架、角钢、斜撑、操作平台挑架、对拉螺栓等构配件组成，如图 3-41 示意。

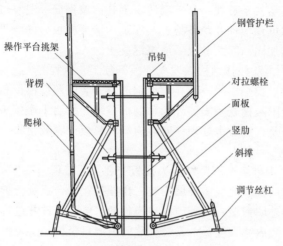

图 3-41　大模板构造示意图

构成大模板的主要材料和规格见表 3-8。

表 3-8　大模板主要材料和规格　（单位：mm）

模板类型	面板	竖肋	背楞	斜撑	挑架	对拉螺栓
全钢大模板	6 钢板	[8	[10	[8、φ40	φ48×3.5	M30、T20×6
钢木大模板	15～18 胶合板	80×40×2.5	[10	[8、φ40	φ48×3.5	M30、T20×6
钢竹大模板	12～15 胶合板	80×40×2.5	[10	[8、φ40	φ48×3.5	M30、T20×6

 **第 3-36 问　墙体大模板的安装方法和要点是什么？**

根据建筑结构形式不同，大模板安装工艺各有不同特点。按结构形式分为：内外墙全现浇结构、内浇外挂结构和内浇外

砌结构三种，但后两种模板安装工艺基本相同，只是与外墙交接 T 字节点构造有所区别。

1. 内浇外砌结构内墙大模板安装工艺流程

楼层找平放线→外墙砌砖→绑扎内墙钢筋→安装门洞口模板和水电预埋件并隐蔽检查→安装内墙大模板→外墙 T 字接头处砖墙加固→隐蔽验收→浇筑混凝土。

2. 内浇外挂结构内墙大模板安装工艺流程

楼层找平放线→绑扎内墙钢筋→安装门洞口模板和水电预埋件并隐蔽检查→安装外墙预制板→绑扎外墙 T 字接头处构造柱钢筋及空腔防水处理→安装内墙大模板→隐蔽验收→浇筑混凝土。

3. 内外墙全现浇结构大模板安装工艺流程

楼层找平放线→外墙安装三角挂架、平台板及防护设施→绑扎内外墙钢筋→安装门洞口模板和水电预埋件并进行隐蔽检查→安装内墙大模板→安装外墙门窗洞口模板→安装包墙模板并拉结固定→隐蔽验收→浇筑混凝土。

4. 内墙大模板安装方法和注意事项

1）在安装大模板之前，内墙中所有钢筋、水电配管等预埋件必须全部完成并经验收合格；若是外砌结构，则外墙砌筑全部完成并检查合格。楼层所有相关工序如圈梁、预制板缝混凝土浇灌，阳台板安装等工程完成。

2）正式安装前，做好模板安装部位的找平和放线工作，在大模板下部抹找平层定位砂浆。对需安装的大模板预先涂刷好脱模剂。

3）安装大模板，必须按照施工方案中规定的安装顺序，对号入座就位。通常先从第二个房间横墙开始，安装一侧内模并调整垂直度，放入穿墙螺栓及塑料套管后，再安装另一侧模板，并经调整垂直和墙宽后，旋紧穿墙螺栓固定。横向墙模板安装完后，再安装纵向墙模板，做到安装一间，固定一间。

4）大模板安装过程中要注意做好各节点的处理。如十字交叉节点、T字节点、错位墙节点和流水段施工缝处等模板节点的处理。

5）模板安装必须保证位置正确，立面垂直，要随安装随用双十字靠尺检查，通过模板支架下的地脚螺栓进行调整。模板横向水平度也同样通过模板支架下的地脚螺栓进行调节。

每一面墙体模板就位后，要对模板进行拉线调直，然后进行连接固定。

6）大模板安装必须严密，避免出现漏浆。出现空隙可采用聚氨脂泡沫条、纸袋或木板条堵塞，但不得塞入墙体内，影响墙体质量。

第3-37问　内外墙全现浇结构的模板怎样安装？需注意哪些事项？

内外墙现浇结构的模板安装，除内墙大模板安装工艺相同外，外墙大模板安装工艺和注意事项如下：

1）安装外墙大模板前，必须先安装三角挂架和平台板，为安装外侧模板使用。三角挂架和平台板可分开安装也可联成一体安装，利用下层已浇的外墙穿墙螺栓孔，用L形连接螺栓穿入孔内，在外墙内侧放上垫板，拧紧螺母固定，将三角架挂在L形螺栓上，在三角架上安装平台板。

2）安装前放好模板位置线，并在离模板100mm的外墙上弹出水平线，作为安装模板和其他构件安装的依据，防止出现相互标高偏差错位。

3）安装外侧大模板时要先使大模板的滑动轨道放置在支撑挂架的轨枕上（见图3-42），并用木楔将滑动轨道和前后轨枕定牢，在后轨枕上放入横向栓，防止模板倾覆，这时可摘除塔式起重机吊钩。然后松开固定底脚盘的螺栓，用撬棍轻轻地拨动模板，使其沿滑动轨道滑至墙面设计位置。

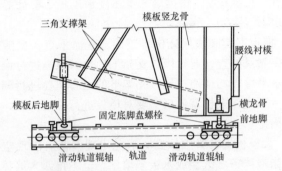

图 3-42 外墙外侧大模板滑动轨道构造

4）调整模板位置和标高，然后使模板下端的横向衬板进入墙面的线槽内，如图 3-43 所示，并使模板紧贴下层外墙面，避免出现漏浆。待大模板的横向及水平位置调整好后，拧紧滑动轨道上的固定螺钉，对大模板加以固定。

5）以外侧大模板位置为准，安装内侧模板。在穿墙螺栓位置处设置拉结点，与外墙模板拉结固定，防止模板移位。

6）外墙大模板安装中要注意的事项：

① 当外墙采用后浇混凝土时，需在与内墙连接处预埋连接钢筋，并用堵头模板将内墙端部封严。

② 外墙大模板上的门窗口模板，必须严格按设计图要求操作，做到安装牢固，垂直方正。

③ 大模板内的混凝土装饰衬板，在大模板安装前要认真检查，保证安装牢固，防止施工中发生位移变形，也防止拆除大模板时将衬板拔出。装饰混凝土衬板上涂刷的脱模剂，宜采用水乳性的，不得选用油性脱模剂，以免污染墙面，影响墙面

装饰效果。

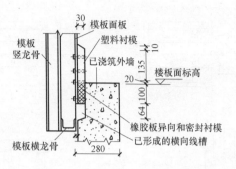

图 3-43 大模板装饰衬板构造示意

第 3-38 问 大模板内、外墙交接节点处模板怎么处理？

内、外墙交接节点部位包括：外（山）墙 T 字节点的处理，十字形内墙节点的处理，错位墙体节点的处理和流水段分段处节点的处理等。

1）外墙 T 字节点的处理。采用活动式角模板，在山墙处可采用 85mm×100mm 方木解决组合柱的支模问题，如图 3-44 所示。

2）十字形内墙节点的处理。将纵向墙体与横向墙体大模板直接连接成一体，如图 3-45 所示。

3）错位墙体节点的处理。错位墙体模板安装比较复杂，既要使穿墙螺栓顺利进行固定，又要使模板连接缝严密，不致浇筑时漏浆。节点处模板的处理如图 3-46 所示。

4）流水段分段处节点的处理。在前一流水段纵向墙体的外端使用方木作堵头模板，在后一流水段纵向墙体安装模板时用方木作补模，如图 3-47 所示。

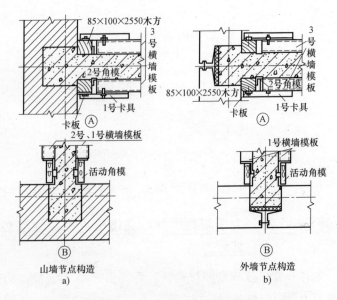

山墙节点构造
a)

外墙节点构造
b)

图 3-44　外（山）墙 T 字形节点模板处理示意图

a）内浇外砌结构　b）内浇外挂结构

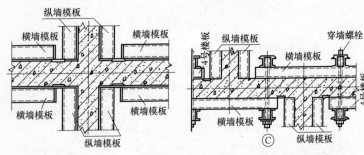

图 3-45　内墙十字形节点模板
处理示意

图 3-46　错位墙节点模板
处理示意

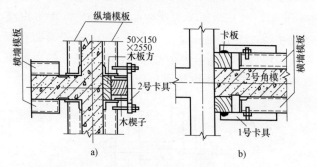

图 3-47 流水段分段处节点模板处理示意

a) 前流水段 b) 后流水段

 第 3-39 问 外墙模板上下层墙模板接槎怎么处理?

外墙模板上下层墙模板接槎的处理方法通常有以下两种:

1) 下层墙模板当采用单块模板组装就位时,可在下层模板的上端(即混凝土浇筑施工缝处)设一道穿墙螺栓。下层模板需拆除时,模板上端这层模板暂不拆除,作为上一层模板的支撑点,如图 3-48 所示。

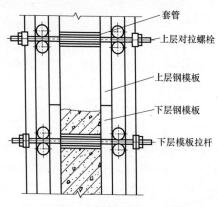

图 3-48 下层模板作支点示意

2）当采用整片预组装方法安装模板时，可在下层混凝土墙上端施工缝往下200mm左右处，间隔0.5m设预留孔洞，待下层模板拆除后，在孔洞中穿入螺栓，固定通长的角钢作为上层模板的支撑，如图3-49所示。

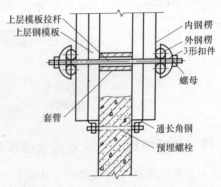

图3-49 下层混凝土固定角钢作支点示意

❓ 第3-40问 肋形楼盖木模板传统（普通）支模方法和构造要求是什么？

肋形楼盖结构的特点是楼板周边有梁，因而楼盖模板安装竖向支撑较简单，无须搭设排架立柱。一般选择次梁（短跨距）方向利用梁模外侧托木搁置搁栅铺设楼面模板。

肋形楼盖模板构造要求：

肋形楼盖模板传统支模方法，主要由楼板面板、搁栅、梁侧模、托木、牵杠及牵杠撑等构成，如图3-50所示。

平面模板通常用厚20～25mm的木板拼成，或用定型木模板块铺设在搁栅上，搁栅两端搁置在两侧梁（墙）模的托木上。搁栅断面一般采用50mm×100mm木方，间距约400～500mm。当搁栅跨度较大时，搁栅会承载后下挠变形，可在搁栅中间加设牵杠，以减小搁栅跨度。牵杠撑断面与顶撑立柱相同，底部要垫木板和设置木楔。垫木一般用（50~75mm）× 150mm 木板。

平面模板垂直搁栅方向铺设钉牢，若用定型模板，则模板的规格要适合搁栅间距，或适当调整搁栅间距来适应模板规格。

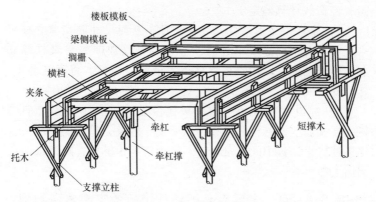

图 3-50 普通传统支模法示意

楼板模板用料可按表 3-9 选取，供参考。

表 3-9 楼板模板用料参考表 （单位：mm）

混凝土楼板厚	搁栅		模底板厚	牵杠		牵杠撑间距
	断面	间距		断面	间距	
60~120	50×100	500	25	70×150	1500	1200
140~200	50×100	400~500	25	70×200	1500~1300	1200

安装方法与注意事项：

1）先安装周边梁模板，按要求架设稳定牢固。然后按照模板设计方案在次梁模板的两侧梁（墙）侧模板外侧弹出水平线，水平线标高为楼板底标高减去平模板厚度和搁栅高度，再按水平线安装托木，托木上皮与水平线对齐，用钉子固定在侧模上。

2）安装搁栅。搁栅先从两主梁模旁摆放，等分搁栅间距，摆中间部分的搁栅。将搁栅两端搁置在托木上。当搁栅跨度较大时，可在搁栅下面垂直方向铺设通长的牵杠，以减小搁栅的跨度，减轻搁栅承载应力。牵杠断面尺寸、设置位置及数量，经荷载计算确定。

3）牵杠由方木牵杠撑立柱支顶，断面尺寸同支撑立柱要求。如设有牵杠撑及牵杠时，应在搁栅摆放前先将牵杠撑立起，将牵杠铺平，用牵杠立柱下木楔调整高度，将牵杠铺平，然后摆放搁栅。

4）铺设楼板模板。铺设楼板模板应垂直于搁栅方向铺钉。在搁栅上铺钉楼板模板，为了便于拆模，只在模板端头或接头处钉牢，板中间尽量少钉。若用定型木模板，则直接铺在搁栅上即可。

第3-41问 多层胶合板楼板模板的支模方法和构造要求是什么？

1）多层胶合板楼板模板的支模方式，根据支承形式可分为传统的木顶撑支设和脚手钢管排架支设。

① 传统的木顶撑支设，除平板采用多层胶合板外，其他构造与木板楼板模板支模形式构造要求相同，如图3-51所示。

平板模板：一般采用木胶合板和竹胶合板两种材质，木胶合板的常用厚度为12~18mm，竹胶合板的常用厚度为12mm；可以用整张胶合板铺钉，也可用定型胶合板模板摆铺。

② 脚手钢管排架支设。用 ϕ48×3.5 脚手钢管搭设排架，在排架上铺设 50mm×100mm 木楞，作为面板的搁栅，

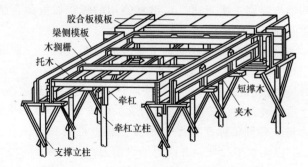

图 3-51　多层胶合板肋形楼板模板支模示意

间距 400～500mm，木搁栅间距随胶合板厚进行调整，在搁栅上铺钉胶合板面板，若楼板混凝土厚≥200mm，则间距要调小，如图 3-52 所示。这种支模方法比较简单，已被广泛采用。

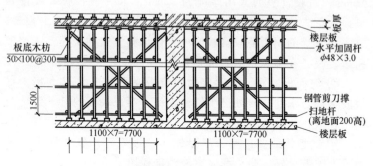

图 3-52　钢管脚手排架支撑系统示意图

③ 胶合板模板的配制要求。

a. 胶合板应尽量整张使用，减少随意锯截，造成浪费。

b. 竹胶合板加工配制模板时，锯板应选用直径 300mm、100 齿的合金锯片，宜用带导轨式锯边机，保持锯边直线。锯板时板要垫实，防止出现毛边。新截锯或钻孔的截面，应用酚醛系列油漆涂刷三次封边。对重复使用的板，如板面有碰伤、划痕要及时补刷酚醛油漆。

c. 配制好的模板在反面标上编号和写明规格，分别堆放，避免用错。

2）楼板模板的安装步骤：采用钢管做支架时从边跨一侧开始逐排安装立柱，按模板设计方案同时安装大方木→安装搁栅（内楞）并调整标高找平→铺设模板，检查和校正标高→立柱加纵横向水平拉杆，并同时架设剪刀撑和斜撑。

3）楼板模板的安装要点：

① 支撑系统可选用钢脚手架或选用木支撑。一般常用ϕ48mm×3.5mm 脚手架钢管搭设排架，排架上铺放间距为400mm 左右的 50mm×100mm 搁栅，作为面板下的楞木。

② 在搁栅上铺设木（竹）胶合板，常用厚度为 12mm、18mm，竹胶合板的常用厚度为 12mm，木（竹）胶合板排架铺设应首先使用整张板，少量用板锯截填补，尽量减少损耗；方木小龙骨的间距随胶合板厚度可做调整，这种支模方法比较简单，现已在施工现场大面积采用。

③ 钉面板的铁钉长度应为胶合板厚度的 1.5～2.5 倍，每块胶合板与木楞相接处至少钉两个钉，第二块板的钉子要转向第一块板，与模板方向斜钉，以使拼缝严密。

④ 铺板接缝要平整、尽量缩小，板缝宜用腻子嵌平，或用不干胶带封好，防止漏浆浆液污染板边。

⑤ 钢管脚手排架支撑系统要按照模板施工方案要求搭设，纵横向拉杆、扫地杆、剪刀撑应符合规定要求。

第 3-42 问　钢框木（竹）胶合板楼板模板安装方法和施工要点是什么？

1）楼板模板采用钢框木（竹）胶合板模板，其单块就位

安装的施工流程:

搭设支架→安装横向、纵向钢楞或木楞→调整楼板下皮标高并起拱→铺设模板块→检查模板上皮标高及平整度。

2) 安装施工要点:

① 支架搭设前楼地面和支柱托脚的处理。按模板设计方案规定的支架形式,从边跨一侧开始,依次逐排安装支架支柱,同时安装钢(木)楞和横拉杆。间距按模板设计方案规定,通常支柱间距 800~1200mm,钢(木)楞间距为 600~1200mm,需要安装双层钢(木)楞时,则上层钢(木)楞间距为 400~600mm。

② 检查板下钢(木)楞与支架柱连接是否牢固和支架安装的牢固和稳定性。根据给出的水平线,调整支架高度,将钢(木)楞找平。

③ 按模板设计方案型号,逐块铺设组合钢框木(竹)胶合板模块,先用阴角模与墙模或梁模连接,然后向跨中铺设平面模板。相邻两块模板用 U 形卡正反相间满扣连接卡紧,并按设计用一定数量的钩头螺栓和钢楞连接。为减少仰面板下扣装 U 形卡等连接件作业量,也可用 U 形卡预组拼单元平模板片(控制重量,以能反转搬运为宜)再铺设。最后对不够整模数的模板与窄条缝,用调缝角钢拼缝模板方法或方木嵌补,拼缝应严密。

④ 平面模板铺完后,用靠尺、塞尺及水平仪检查平整度和楼板底标高,并进行校正。

第 3-43 问 肋形楼盖用桁架支模安装方法和注意事项有哪些?

肋形楼盖支撑系统采用桁架支模方法,可以节省大量立柱支撑,扩大楼层施工空间,有利于加快工程施工进度。梁板桁线，再立中间柱的模板。柱间距不大时，相互间应用剪刀撑及水平撑搭牢，柱子间距较大时，各柱应单独拉四面斜撑固定。

5）根据柱子的断面的大小及高度，柱模外面每隔500~1000mm应增加一道柱箍，防止胀模。

6）板缝应严密，板厚度应根据柱子的宽度而定，确保在浇筑混凝土时不漏浆、不胀模、不外鼓。

7）较高的柱子应在中间预留一个浇筑孔，以便浇筑混凝土用，当混凝土浇筑到洞口时，即应封闭堵牢。

第5-12问　楼板模板的质量缺陷及防治措施是什么？

1. 常见的质量缺陷与产生的原因分析

1）楼板中部下挠；板搁栅用料较小。因板下支撑底部不牢，基础下沉造成底板下挠。

2）楼板底部混凝土面不平整。板底部模板不平，平整度超过规范要求。

3）板模压在梁边模板上，不易拆除。将板模板钉在梁侧面模板上，甚至深入梁模内，造成边缘一块模板进入混凝土内（见图5-10a）。

2. 防治措施

1）楼板模板的厚度要一致，搁栅用料应有足够的强度和刚度，搁栅面要平整。

2）支撑材料要有足够的强度，上下、前后、左右均应相互搭牢，软弱地基必须处理并采取必要的加固措施，保证混凝土在重量作用下不能下沉。

3）板模板与梁模连接处，应梁侧模外口齐平，避免梁模板嵌入混凝土内，以便于拆模（见图5-10b）。

4）板模应按规定起拱。

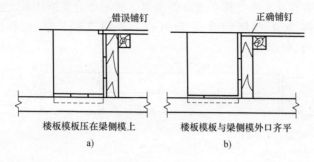

<table>
<tr><td>错误铺钉</td><td>正确铺钉</td></tr>
<tr><td>楼板模板压在梁侧模上</td><td>楼板模板与梁侧模外口齐平</td></tr>
<tr><td>a)</td><td>b)</td></tr>
</table>

图 5-10　楼板模板缺陷示意

第 5-13 问　墙模板的质量缺陷及防治措施是什么?

1. 常见的质量缺陷与产生的原因分析

1) 胀模、倾斜变形。因没有采用对拉螺栓（或直径太小）来承受侧压力；模板支撑方法不当（见图 5-11a），如轴①墙振捣混凝土时，墙模受混凝土侧压力作用向两侧挤出，轴①墙外侧如有斜支撑，模板不易外倾。而轴①墙与轴②墙间只有水平支撑侧压力使轴①墙模板鼓凸，水平支撑推向轴②墙模板，使模板内凹，墙面失去平直，当轴②墙浇筑混凝土时，其侧压力推向轴③墙，使轴③墙位置偏移更大。

2) 墙体厚度不一，墙面高低不平。由于模板厚度不一，板面不平整，相邻两块模板拼接不严、不平。

3) 墙根跑浆、露钢筋。主要是混凝土浇筑分层过厚，振捣不密实，模板受侧压力过大，支撑变形。

4) 模板底部被混凝土及砂浆裹住。因角模与墙模拼接不严，水泥浆漏出，包裹模板下口。

5) 墙的角模板拆不下。因拆模时间太迟，模板与混凝土粘结力过大。

墙间设水平支撑，没有斜支撑，属不稳定支撑体系。正确的支撑方法在墙间支设剪刀撑，或斜支撑，如图 5-11b、图 5-11c所示。

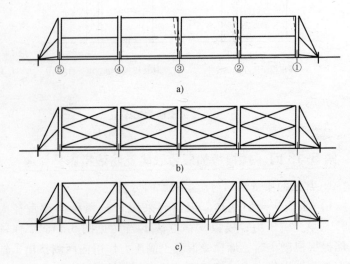

图 5-11　墙模板支撑示意图
a）错误支撑方法　　b）、c）正确支撑方法

2. 防治措施

1）墙面模板应拼装平整。

2）有多道混凝土墙时，除顶部设通长连接木方定位外，相互间均应用剪刀撑撑牢（见图 5-11b、c）。

3）墙身中间应用穿墙螺栓（一般采用直径 12～16mm）拉紧，确保不胀模。两片模板之间，应根据墙厚度用钢管或硬塑料管撑头，如有防水要求时应采用焊有止水片的穿墙螺栓。

4）角模与墙模拼接应严实。

5）每层混凝土浇筑的厚度，应控制在施工规范允许范围内。

第 5-14 问 模板安装前、后未清理干净出现的质量缺陷及防治措施是什么？

1. 常见的质量缺陷与产生的原因分析

模板内有残留木块、浮浆及建筑垃圾等杂物。主要是钢筋绑扎完后，未用压缩空气或压力水清洗，其次是封模前未进行清扫以及墙柱根部、梁柱接头最低处未留清扫口，或留的位置不当。

2. 防治措施

1）钢筋绑扎完后，应用压缩空气或压力水清洗。

2）封模前，派专人负责进行清扫。

3）墙柱根部、梁柱接头底部应留清扫口，洞口尺寸不小于 100mm×100mm，模内垃圾清除完毕后应及时将清扫口封严。

第 5-15 问 模板涂刷脱模剂的质量缺陷及防治措施是什么？

1. 常见的质量通病与产生的原因分析

1）模板涂刷废机油造成混凝土污染。

2）模板表面的混凝土残浆不清理即刷脱模剂，致使混凝土表面出现麻面等缺陷。拆模后不清理混凝土残浆就刷脱模剂，脱模剂涂刷不均匀或漏刷，涂层过厚。

2. 防治措施

1）拆模后，必须及时清理混凝土残浆后再刷脱模剂。

2）严禁使用废机油作为脱模剂，脱模剂材料选用原则应为：既便于脱模又便于混凝土以后的表面装饰。故选用的材料应有皂液、滑石粉、石灰水及其混合液和各种专用化学制品的脱模剂。

3）脱模剂材料宜拌成稠状，应涂刷均匀，不得流淌，一般刷两遍为宜，以防漏刷，也不宜涂刷过厚。

4）脱模剂涂刷后，应在短期内及时浇筑混凝土，以防隔离层遭受破坏。

第5-16问　模板安装时没设排气孔、浇筑孔的质量缺陷及防治措施是什么？

1. 常见的质量缺陷与产生的原因分析

1）由于封闭或竖向的模板无排气孔，容易使混凝土下料时产生气囊，导致混凝土表面容易出现气孔、不密实等缺陷。

2）高柱、高墙模板未留浇筑孔，造成混凝土浇筑的自由落距过大，易离析或振捣棒不能到位，造成振捣不实，容易出现混凝土浇筑振捣不密实或空洞等缺陷。

2. 防治措施

1）墙体的大型预留洞口（门窗洞等）底模应开设排气孔，使混凝土浇筑时气泡及时排出。

2）高柱、高墙（超过3m）侧模上要开设浇筑孔，以便于混凝土浇筑和振捣。

第5-17问　模板安装时支撑选配不当的质量缺陷及防治措施是什么？

1. 常见的质量缺陷与产生的原因分析

模板支撑支设较随意，立杆间距不符合要求，模板支撑系统选配和支撑方法不当，选配马虎，未经安全验算，无足够的承载能力及刚度，支撑稳定性差，无保证措施，混凝土浇筑后支撑自身失重，模板变形，使混凝土浇筑时产生变形。

2. 防治措施

1）模板支撑系统根据不同的结构类型和模板类型来选

配，以便相互协调配套。使用时，应对支撑系统进行必要的验算和复核，尤其是支柱间距应经计算确定，确保模板支撑系统具有足够的承载能力、刚度和稳定性。

2）木质支撑体系如与木模板配合，木支撑必须钉牢楔紧，支柱之间必须加强拉结连紧，木支柱脚下用对拔木楔调整标高并固定，荷载过大的木模板支撑体系可采用枕木堆塔方法操作，用扒钉固定好。

3）钢质支撑体系其钢棱和支撑的布置形式应满足模板设计要求，并能保证安全承受施工荷载，钢管支撑体系一般宜扣成整体排架式，其立柱纵横间距一般为 1m 左右（荷载大时应采用密排形式），同时应加设斜撑和剪刀撑。

4）支撑体系的基底必须坚实可靠，竖向支撑基底如为土层时，应在支撑底铺垫型钢或脚手板等硬质材料。

5）在多层或高层施工中，应注意逐层加设支撑，分层分散施工荷载。侧向支撑必须支顶牢固，拉结和加固可靠，必要时应打入地锚或在混凝土中预埋铁件和短钢筋头做撑脚。

第 5-18 问 模板接缝不严的质量缺陷及防治措施是什么？

1. 常见的质量缺陷与产生的原因分析

1）混凝土浇筑时产生漏浆。由于模板放样不认真或有误，模板制作马虎，拼装时接缝过大。木模安装周期过长，木模因干燥造成裂缝。

2）拆模后，混凝土表面出现蜂窝、空洞和露筋。木模在混凝土浇筑前，没有提前浇水湿润；钢模板变形未及时修理，接缝措施不当，以及梁、柱交接部位，接头尺寸不准、错位。

2. 防治措施

1）放样要认真，严格按 1/10～1/50 的比例将各分部分项细部翻成详图，详细编注，并认真向操作人员交底，认真制作定型模板和拼装。

2）严格控制木模板的含水率，制作时拼缝要严密。安装周期不宜过长，浇筑混凝土前，要提前浇水湿润，使其膨胀密缝。

3）墙体采用第二次浇筑混凝土时，墙体模板支设要从施工缝位置下返100mm，同时采用加长次龙骨方木，在底部加横向支撑固定，防止混凝土烂根，如图5-12所示。

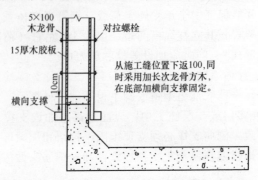

图5-12 第二次浇筑混凝土墙体模板的做法

4）钢模板变形（尤其是边框）应及时修理平整。

5）钢模板间嵌缝措施要控制，不能用油毡、塑料布、水泥袋等材料嵌缝堵漏。

6）梁、柱交接部位支撑要牢靠，拼缝要严密（必要时缝间加双面胶带纸），发生错位要及时纠正。

第5-19问 模板安装刚度差导致柱、梁、墙变形的质量缺陷及防治措施是什么？

1. 常见的质量缺陷与产生的原因分析

拆模后发现混凝土柱、梁、墙出现鼓凸、缩颈或翘曲现象。其主要原因如下：

1）支撑及围檩间距过大，模板刚度差。

2）墙体模板无对拉螺栓、螺栓间距过大、螺栓规格过小。

3）竖向承重支撑在地基土未处理、未垫木、无排水措施等，造成地基下沉。

4）门窗洞口内模间对撑不牢固，容易在振捣混凝土时将模板挤偏。

5）梁柱模板卡具间距过大，或未夹紧模板，对拉螺栓数量不足，导致局部爆模。

6）浇筑墙、柱混凝土速度过快，一次浇筑高度过高，振捣过度。

7）木模板（胶合板）长期日晒雨淋而变形。

2. 防治措施

1）编制模板设计方案，认真进行荷载计算，确保模板及支撑系统有足够的承载能力、刚度和稳定性。

2）竖向支撑自身应有足够的强度和刚度，如支撑在土地上，一定要按规范要求进行处理，确保地基不下沉。

3）如用卡具时，其间距要按规定设置，并要卡紧模板，其宽度比截面尺寸略小。

4）梁、墙模板上部必须有临时撑头，以保证在混凝土浇筑振捣时，保持梁、墙上口的宽度。

5）浇筑混凝土时，要均匀对称下料，严格控制浇筑高度，尤其是门窗洞口两侧，防止过分振捣引起模板变形。

6）对混凝土梁板模板，要按规定起拱。

7）木模板或胶合板模板支模后，要及时验收并浇筑混凝土，避免模板长期日晒雨淋而变形。

第 5-20 问 模板安装标高偏差的质量缺陷及防治措施是什么？

1. 常见的质量缺陷与产生的原因分析

拆模后，发现混凝土结构层标高，预埋件、预留洞口的标高出现偏差。其主要原因如下：

1）楼层无标高控制点或控制点偏少，控制网无法闭合。

2）竖向模板根部未找平。

3）模板顶部无标高标志或未按标志施工。

4）高层建筑标高控制线转测次数过多，累计误差过大。

5）预埋件、预留孔洞未固定牢。

6）楼梯踏步模板未考虑装修层厚度。

2. 防治措施

1）每个楼层均要设置足够的标高控制点，控制网要经常复核闭合状态。

2）竖向模板根部须做找平。

3）模板顶部必须做标高标记（一般可在钢筋上做），并严格按标记施工。

4）建筑楼层标高应从首层+0.000标高控制，严禁逐层向上引测。当高度超过30m时，应在中部楼层另设标高控制线，每层标高引测点应不少于2点。

5）所有预埋件、预留孔洞均应按图样进行核对，并检查其固定质量。浇筑混凝土时应沿其周围分层均匀浇筑振捣，严禁振动棒振捣撞击预埋件模板。

6）楼梯踏步模板安装时，要考虑装修层厚度。

第 5-21 问 模板安装轴线偏差的质量缺陷及防治措施是什么？

1. 常见的质量缺陷与产生的原因分析

拆模后,发现柱、墙位置出现偏移。其主要原因如下:

1)放样不认真,模板拼装时组合件未能按规定到位。

2)轴线测量放线时产生误差。

3)墙、柱根部和顶部无限位措施(或限位不牢),发生偏位后未及时改正,造成累计误差。

4)支模时,未拉水平、竖向通线,且无竖向垂直度控制措施。

5)模板刚度差,未设水平拉杆或水平拉杆间距过大。

6)浇筑混凝土时未均匀对称下料,一次浇筑高度过高。

7)对拉螺栓、顶撑、木楔使用不当或松动造成轴线偏位。

2. 防治措施

1)严格按图样放样,并对操作人员认真交底。

2)模板轴线放线后,必须经有关部门复核验收,确认无误后才能支模。

3)墙、柱根部和顶部模板必须设可靠的限位措施,以保证位置准确。

4)支模时要拉水平、竖向通线,并设竖向垂直度控制线。

5)确保模板及其支架具有足够强度和刚度及稳定性。

6)混凝土在浇筑前,要组织有关专业人员进行认真检查,发现问题及时处理。

7)浇筑混凝土时,要均匀下料,浇筑高度要严格控制在施工规范允许的范围内。

第5-22问 大模板墙体"烂根"的质量缺陷及防治措施是什么?

1. 常见的质量缺陷与产生的原因分析

1)墙根部与楼板接触部位出现蜂窝、麻面或露筋。其中原因如下：

① 第一层混凝土浇筑过厚，振动棒插入深度不够，底部未振捣透。

② 没有及时振捣，混凝土内的水分被楼板吸收，振捣困难。

③ 混凝土坍落度太大，出现离析现象。

④ 钢模板与楼板表面接触不严密，当楼板厚度不同、高差较大以及安装不平时，这种现象更为严重。

2）墙根部内夹有木片、水泥袋等建筑垃圾。由于钢模下部缝隙用木片堵塞时，木片进入墙体内。

3）混凝土浇筑前未先铺一层同等级混凝土的净砂浆（接缝砂浆），然后再浇灌混凝土。

2. 防治措施

1）支模前，在模板下脚相应的楼板位置抹水泥砂浆找平层，但应注意勿使砂浆找平层进入墙体内。

2）模板下部的缝隙应用水泥砂浆等塞严，切忌使用木片并伸入混凝土墙体位置内。

3）增设导墙，或在模板底面放置充气垫或海绵胶垫等。

4）浇筑混凝土前先浇水湿润模板及楼板表面，然后浇一层50mm厚的砂浆（其成分与混凝土内砂浆成分相同），不宜铺得太厚，并禁止用料斗直接浇筑。

5）坚持分层浇筑混凝土，第一层浇筑厚度必须控制在50cm以内。

6）对于烂根较严重的部位，应先将表面蜂窝、麻面部分疏松的混凝土剔除，再用1∶1水泥砂浆分层抹平。此项工作必须在拆模后立即进行。

第 5-23 问　模板拆除时与混凝土表面粘连的质量缺陷及防治措施是什么？

1. 常见的质量缺陷与产生的原因分析

拆模时，大模板上粘连了较大面积的混凝土表皮。其主要原因如下：

1）拆模过早，尤其是初冬（温度在 $-1 \sim 10℃$），最容易发生此现象。

2）混凝土浇筑时下料集中，又未均匀振捣。

3）模板清理不干净。

4）使用失效的脱模剂，或脱模剂涂刷不均匀，脱模剂被雨水冲刷掉。

2. 防治措施

1）控制拆模时间，严格执行拆模通知制度，要等混凝土达到规定强度后才能拆模。

2）对周转使用的模板，坚持拆模后必须认真清理板面，然后储存或周转用。

3）工具式模板使用前要刷涂脱模剂，要有专人检查验收。

4）混凝土要有良好的和易性，浇筑时均匀下料，严禁采用振动棒赶送混凝土的振捣方法。

第 5-24 问　模板拆除后混凝土缺棱掉角的质量缺陷及防治措施是什么？

1. 常见的质量缺陷与产生的原因分析

梁、板、柱、墙和洞口直角处混凝土局部掉落，棱角有缺陷。其主要原因如下：

1）浇筑前木模板未浇水湿润或湿润不良，钢模板未刷脱模剂或涂刷不均匀。

2）混凝土养护不好。

3）过早拆模。

4）拆模时用锤重力撞击，或产品保护不好被碰掉棱角。

2. 防治措施

1）浇筑前木模板应浇水湿润，钢模板脱模剂涂刷均匀。

2）混凝土按要求养护，必须等混凝土达到一定强度方可拆模。

3）拆模时不能用力过大，并注意保护棱角完整。

4）注意成品保护，施工中，严禁模板撞击棱角。

 第 5-25 问　模板拆除后墙面有模板皮的质量缺陷及防治措施是什么？

1. 常见的质量缺陷与产生的原因分析

木模板拆除后，发现混凝土表面粘着模板皮，观感差。其主要原因如下：

1）木模周转次数多，模板表面已起皮。

2）使用了失效的脱模剂或涂刷不均匀、漏刷。

3）养护不良，拆模过早，混凝土粘着模板。

2. 防治措施

1）木模超过周转次数的，或表面质量差的均不能使用。

2）模板拆除后，要及时清理及修理，并刷脱模剂。

3）采用快速拆模时，当混凝土强度大于 1.2MPa 时，应及时松开模板，对混凝土浇水养护。

第六篇

安全与环境保护

本篇内容提要

　　本篇主要讲述对模板各主要工程有哪些安全技术要求及模板工程现场施工中应注意的环境保护问题。

第6-1问　模板的安全工作重要性表现在哪些方面?

　　建筑工程中，模板工是属于安全隐患多发性的工种之一，主要表现在以下几个方面：

　　1）模板工程大多均处于高空作业，如大模板安装、框架模板、挑檐阳台模板等。

　　2）经常要与吊装工配合，如吊大型模板、大批的模板材料吊装运输等。

　　3）经常要接触使用电动工具，如电锯、手电钻等，危险性大，建筑企业中被电锯伤害手指的，80%以上均是模板工。

　　4）混凝土结构的所有荷载均集中在模板及支撑系统上，故在安装模板、浇筑混凝土、拆除模板的较长过程中，始终存在多方面的安全隐患因素。

　　建筑施工安全事故高空打击分类统计如图6-1所示。

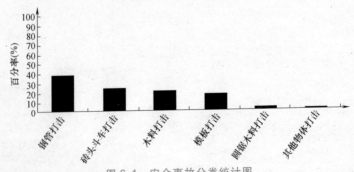

图6-1　安全事故分类统计图

高空坠落安全事故分类统计如图 6-2 所示。

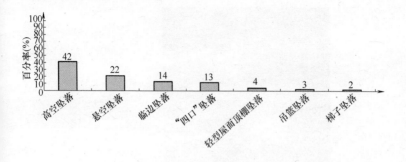

图 6-2　高空坠落安全事故分类统计

第 6-2 问　模板工程安装前应做好哪些安全技术准备工作？

1）应审查模板结构设计与施工说明书中的荷载、计算方法、节点构造和安全措施。

2）应进行全面的安全技术交底，操作班组应熟悉设计与施工说明书的内容。采用爬模、飞模等特殊模板施工时，应对作业人员进行专门技术培训，考核合格后方可上岗。

3）对模板和配件要进行认真的挑选、检查，不合格的应剔除，并应运至指定地点分类堆放。

4）准备齐施工所需的一切安全防护设施和器具。

第 6-3 问　模板制作与安装应符合哪些安全技术要求？

1）模板安装应按模板设计和施工说明书的要求顺序进行拼装。

2）木杆、钢管、门架等支架不得混用。

3）地基土应坚实，并有排水措施（见图 6-3），垫板应有足够的强度和支承面积，且应中心承载。

图 6-3 支架旁地基土排水措施

4）模板及支架在安装过程中，必须设置有效防倾覆的临时固定设施。

5）安装高度为 2m 以上的竖向模板，不得站在下层模板上拼装上层模板。

第6-4问 高层（多层）建筑模板及支架应符合哪些安全技术要求？

1）现浇高层（多层）框架和构筑物，安装上层模板及其支架应符合下列规定。

① 下层楼板应具有承受上层施工荷载的承载能力，否则应加设支撑及支架。

② 上层支架立柱应对准下层支架立柱，并应往立柱底铺设垫板。

2）当层间高度大于 5m 时应选择桁架支模或钢管立柱支模，小于或等于 5m 时可采用木立柱支模。

3）当承重焊接钢筋骨架和模板一起安装时，应符合下列规定。

① 梁的侧模、底模必须固定在承重焊接骨架的节点上。

② 安装钢筋模板组合体时，吊索应按模板设计的吊点位置绑扎。

4）安装时各种配件应放在工具箱或工具袋内，严禁放在模板或脚手板上。

5）当模板安装高度超过 3m 时，必须搭设脚手架。

第6-5问　模板支撑梁、板的立柱构造与安装应符合哪些安全技术要求？

1）梁和板的立柱，其纵横向间距应相等或成倍数。

2）木立柱底部应设垫木，顶部应设支撑头。

3）螺杆外径与立柱钢管内径的间隙不得大于 3mm，安装时应保证上下同心。

4）在立柱底距地面 200mm 高处，沿纵横水平方向应设扫地杆。

5）当层高在 8~20m 时，在最顶步两步水平拉杆中间应加设一道水平拉杆。

6）已承受荷载的支架和附件，不得随意拆除或移动。

第6-6问　模板吊运过程中应符合哪些安全技术要求？

1）作业前应检查绳索、卡具、模板上的吊环，必须完整有效。在吊运过程中，应设专人统一指挥。

2）吊运大块或整体模板时，竖向吊运不应少于 2 个吊点，水平吊运不应少于 4 个吊点。

3）吊运必须使用卡环连接，待模板就位连接牢固后，方可摘除卡环。

4）吊运安装模板时，必须码放整齐，待捆绑牢固后方可起吊。

5）遇到 5 级及以上大风时，应停止一切吊运作业。

第6-7问　梁式或桁架式支架的构造和安装应符合哪些安全技术要求？

1）当采用伸缩式桁架时，其搭接长度不得小于 500mm。并应采用不少于 2 个 U 形卡或钢销钉销紧。2 个 U 形卡距或销距不得小于 400mm。

2）安装的梁式或桁架式支架的间距设置应与模板设计一致。

3）支承梁式或桁架式支架的建筑结构应具有足够强度，否则，应另设立柱支撑。

4）若桁架采用多榀成组排放，在下弦折角处必须加设水平撑。

第6-8问　工具式及木立柱支撑的构造和安装应符合哪些安全技术要求？

1. 工具式时

1）立柱不得接长使用。

2）所有夹具、螺栓、销子和其他配件应处在闭合或拧紧的位置。

3）立柱及水平拉杆构造应符合相关规范的规定。

2. 木立柱时

1）立柱的接头不宜超过一个，并应采用对接夹板接头方式。

2）立柱底部与垫木的对角楔应用铁钉将其固定。

3）严禁使用板皮替代拉杆，斜支撑与地面的夹角应为60°。

第6-9问 用扣件钢管作立柱支撑的构造和安装应符合哪些安全技术要求？

1）每根立柱底部应设置底座及垫板，垫板的厚度不得小于50mm。

2）立柱接长严禁搭接，必须采用对接扣件连接。相邻两立柱的对接接头不得在同步内，接头沿竖向错开的距离不宜小于500mm。

3）严禁将上段的钢管立柱与下段钢管立柱错开固定在水平拉杆上。

4）满堂红模板和共享空间模板支架立柱，在外侧周围应设由下至上的竖向连续式剪刀撑，中间在纵横向应每隔10m左右设由下而上的竖向连续式剪刀撑，其长度宜为4~6m，剪刀撑与底部的夹角宜为45~60°。

5）当支架立柱高度超过5m时，应在立柱周围外侧和中间有结构柱的部位，按水平间距6~9m、竖向间距2~3m与建筑结构设置一个固结点。

第6-10问 用门式钢管脚手架作支撑应符合哪些安全技术要求？

1）门架的跨距和间距应按设计规定布置，但间距宜小于1.2m。

2）支撑架底部垫木上设固定底座或可调底座。

3）门架支撑可沿梁轴线垂直或平行布置，当：

① 垂直布置时，在两门架间的两侧应设置交叉支撑。

② 平行布置时，在两门架间的两侧亦应设置交叉支撑，

交叉支撑应与主杆上的锁销锁牢。

4）上下门架的组装连接必须设置连接棒及锁臂。

5）门架支撑宽度为 4 个以上跨或 5 个间距及以上时，应在周边底层、顶层、中间每 5 列、5 排于每榀门架立柱、立杆根部设直径 18mm×3.5mm 通长水平加固杆，并采用扣件与门架立杆扣牢。

6）门架支撑高度超过 10m 时，应在外侧周边和内部每隔 15m 间距设置剪刀撑，剪刀撑不应大于 4 个间距，与水平夹角应为 45°~60°，沿竖向应连续设置，并用扣件与门架立杆扣牢。

第 6-11 问　悬挑结构立柱支撑应符合哪些安全技术要求？

悬挑结构的特点是悬挑构件的根部受力，在混凝土浇筑未达到设计要求强度过程中，悬挑构件模板竖向支柱支承全部荷载，特别是多层建筑中如阳台悬挑结构，施工中底层阳台还承担着由上层阳台模板立柱传递下来的荷载。若立柱支顶的位置、拆除时间不相互协调，容易发生安全技术事故。为此对多层建筑中的悬挑结构模板立柱支撑安全技术要求是：

1）多层悬挑结构施工中，每层悬挑模板的上下立柱应在同一垂直线上，不得错位支顶。

2）多层悬挑结构施工中，每层悬挑模板的立柱应连续支撑，并不得少于 3 层。

第 6-12 问　基础及地下工程模板安装应符合哪些安全技术要求？

1）地面以下支模应先检查土壁的稳定情况，发现有险情，应立即停止施工。

2）当深度超过 2m 时应设置上下扶梯。

3）距基坑（槽）上口边缘 1m 内不得堆放模板。

4）向基坑（槽）内运料应使用起重机、溜槽或绳索，运下的模板严禁立放在基础土壁上。

5）支撑在土壁上的斜支撑应加设垫板，底部的楔木要与斜支撑联接牢固。

6）两侧模板间应用水平支撑连接成整体。

第 6-13 问　柱模板安装应符合哪些安全技术要求？

1）现场拼装柱模板时，应及时加设临时支撑进行固定，斜撑与地面的倾角宜 60°，不能将大模板系于钢筋上。

2）四片柱模就位组拼经对角线校正无误后，应立即自下而上安装柱箍。

3）若为整体预制组合柱模吊装时应采用卡环和柱模连接，不得用钢筋钩代替。

4）支模校正后，应采用斜撑或水平支撑进行四周加固，以确保整体稳定。

5）当柱模高度超过 4m 时，应群体或成列同时支模，并应将支撑连成一体，形成整体框架体系。

6）当需单根支模时，柱宽大于 500mm，应每边在同一标高上不得少于两根斜支撑或水平撑。

7）斜撑与地面的夹角为 45°~60°，下端还应有防滑移的措施。

8）边、角柱模板的支撑，除满足上述要求外，在模板里面还应于外边对应的点设置既能承拉又能承压的斜撑。

第 6-14 问　梁模板安装应符合哪些安全技术要求？

1）安装独立梁模板时，应设操作平台，高度超过 3.5m

233

时，应搭设脚手架并设防护栏杆，严禁操作人员站在独立梁底模或柱模支架上操作及上下通行。

2）底模与横楞应拉结好，横楞与支架、立柱应连接牢固。

3）安装梁侧模时，应边安装边与底模连接，侧模多于两块时，应设临时斜撑。

4）起拱应在侧模内外楞连接牢固前进行。

5）单片预组合梁模，钢楞与面板的拉结应按设计规定制作，并按设计吊点试吊无误后方可正式吊运安装，吊装待侧模与支架稳定后方准摘钩。

6）支架立柱底部基土应按规定处理。

7）单排立柱时，应于单排立柱的两边每隔3m加设斜支撑，且每边不得少于两根，斜支撑与地面成60°夹角。

第6-15问　墙模板安装应符合哪些安全技术要求？

1）用散拼定型模板支模时，应自下而上进行，必须在下一层模板全部紧固后，方准进行上一层安装。当下层不能独立安设支撑件时，应采取临时固定措施。

2）采用预拼装的大块墙模板进行支模安装时，严禁同时起吊两块模板，并应边就位、边校正、边连接固定后，方可摘。

3）安装电梯井内墙模板前，必须于板底下200mm处满铺一层脚手板。

4）模板未安装对拉螺栓前，板面应向后倾斜一定角度，安装过程应随时拆换支撑或增加支撑，以保证墙模随时处于稳定状态。

5）当钢楞需要接长时，接头处应增加相同数量和不小于原规格的钢楞，搭接长度不得小于墙模宽或高的15%~20%。

6）对拉螺栓与墙模板应垂直，松紧一致，并能保证墙厚尺寸正确。

7）墙模板内外支撑必须坚固、可靠，应确保模板的整体稳定。

① 当墙模板外面无法设置支撑时，应于里面设置能承受拉和压的支撑。

② 多排并列且间距不大的墙模板，当其支撑互成一体时，应有防止浇筑混凝土时引起临近模板变形的措施。

第6-16问　楼板模板安装应符合哪些安全技术要求？

1）下层楼板应具有承受上层荷载的承载能力或采取加设支撑等加固措施。

2）上层支架立柱应对准下层立柱，并于立柱底部铺设垫板。

3）预组合模板采用桁架支模时，桁架与支点连接应牢靠，同时桁架支承应采用平直通长的型钢或木方。

4）预组合模板块较大时，应加钢楞后吊运。当组合模板为错缝拼配时，板下横楞应均匀布置，并应在模板端穿插销。

5）单块模就位安装，必须待支架搭设稳固，板下横楞与支架连接牢固后进行。

第6-17问　现浇整体式模板安装应符合哪些安全技术要求？

1）单片柱模吊装时，应采用卸扣和柱模连接，严禁用钢筋钩代替，待模板立稳后并拉好支撑，方可摘除吊钩。

2）支设 2m 以上的立柱模板和梁模板时，应搭设工作台，不得站在柱模板上操作，也不准在梁底模板上行走，更不允许利用拉杆、支撑上下攀登。

3）第一层模板拼装后，应立即将内外钢楞、穿墙螺栓、斜撑等全部安设紧固稳定。当下层模板不能独立安设支撑件时，必须采取可靠的临时固定措施，否则，严禁进行上一层模板安装。

4）用钢管和扣件搭设双排立柱支架支撑梁模时，扣件应拧紧，且应抽查扣件螺栓的扭矩，不够时可放两个扣件与原扣件靠近。横杆步距按设计规定，严禁随意增大。

5）当出现5级及以上大风时，应停止一切室外模板作业。

第6-18问　大模板安装应符合哪些安全技术要求？

某施工单位现场因大模板支模时发生倾覆，导致三名工人高空坠落，造成重伤事故（见图6-4）。

图6-4　现场案例

1）大模板放置时，下面不得压有电线或气焊管线。

2）平模叠放运输时，垫木必须上下对齐，绑扎牢固，车上严禁坐人，如图6-5所示。

3）大模板组装或拆除时，指挥、拆除和挂钩人员，必须站在安全可靠的地方方可操作，严禁任何人随着大模板起吊。

4）大模板必须设有操作平台、上下梯道、防护栏杆等附属设施。

图 6-5　大模板现场堆放

5）大模板安装就位后，为便于浇筑混凝土，两道墙模板平台间应搭设临时走道，严禁在外墙板上行走，如图 6-6 所示。

爬梯

图 6-6　大模板安全措施

6）大模板安装就位后，要采取防止触电的保护措施，应设专人将大模板串联起来，并同避雷针接通，防止漏电伤人。

7）当风力达到 5 级时只允许吊装 1~2 层模板和构件，风力超过 5 级，应停止吊装。

第 6-19 问　基础及现浇框架结构模板拆除时应注意哪些安全技术要求？

1）基坑内拆除基础模板，要注意基础边坡的稳定，特别是拆除模板支撑时，可能使边坡土发生震动而塌方；拆除的模板应及时运到离基础边坡较远的地方进行清理。

2）现浇框架结构模板拆除的顺序：拆除柱模斜撑与柱箍→拆除柱侧模→拆除楼板底部模板→拆除梁侧模→拆除梁底部模板。

3）柱模板拆除的顺序如下：拆除斜撑或拉杆（或钢拉条)→自上而下拆除柱箍或横楞→拆除竖楞并由上而下拆除模板连接件、模板面。

4）多层楼板模板支柱的拆除，下面应保留几层楼板的支柱，应根据施工进度、混凝土强度、结构设计荷载与支模荷载的差距通过计算确定。

5）模板拆除后应及时清理，堆放到指定地方。模板需吊运的要设专人指挥。

第6-20问　大模板拆除时应注意哪些安全技术要求？

1）大模板拆除顺序与模板组装的顺序相反。

2）大模板拆除后堆放的位置，无论是短期堆放还是长期堆放，一定要支撑牢固，采取防倾斜的措施。

3）起吊时应先稍微移动一下，确认无误后，方允许正式起吊。

4）大模板的外模板拆除前，要用起重机事先吊好，然后才准拆除悬挂扁担及固定件。

5）拆除大模板过程中应注意不损坏混凝土墙体。

第6-21问　施工现场模板工程的噪声和污染应如何控制和管理？

1）施工现场模板施工中的噪声应加以控制，尽量减少人为的噪声,以保证施工人员安心工作和有一个良好的作业环境,同时也不干扰周围居民的生活和休息。

2)夜间作业时,要避免用硬物敲打及进行露天切割;现场临时电锯应封闭围挡或采取消声措施。

3)施工现场场内主要运输模板等材料的道路要硬化,易起尘土的施工面应及时浇水、围挡;主要运输车辆进出入的大门口,按规定设置车辆水洗槽(池),及时清刷车辆上泥土。

4)清除或涂刷脱模剂时要防止污染周围环境。

5)模板材料堆放整洁文明,要做到:

① 各种模板材料均要按照施工总平面图指定的位置码方堆放。

② 在堆放的区域内要设专人看管,并有严格的防火防盗措施。

③ 大模板的堆放场地应平整,排水畅通,运输道路应坚实。

6)模板拆除后应及时清理,堆放到指定地方。

第6-22问 模板施工中如何及时正确处理危险情况的发生?

1)若在模板施工中发现了危险征兆时,如基坑边坡、墙体等有裂缝、倾斜危险征兆时应:

① 立刻暂停施工,迅速撤至安全区域。

② 立即向上级有关部门报告。

③ 未经过施工技术部门或安全部门同意,严禁恢复施工。

④ 处理时,应在工程技术人员或安全部门管理人员的指挥下,排除险情。

2)若模板施工中不幸发生了安全事故后,要不慌乱,应做到:

① 首先及时抢救受伤人员。

② 迅速报告上级主管部门。

③ 保护好事故现场。

④ 采取措施控制事故扩大。

⑤ 妥善进行事故善后处理。

第6-23问 安全事故的分类及标准国家是怎么规定的？

1）轻伤事故：指造成劳动者肢体伤残，或某些器官功能轻度损伤，表现为劳动能力轻度或暂时丧失的伤害。

2）重伤事故：指造成劳动者肢体残缺或视觉、听觉等器官受到严重损伤，一般能引起人体长期存在功能障碍或劳动者能力受到严重伤害。

3）死亡事故：指一次事故中伤亡1~2人的事故。

4）重大死亡事故：指一次事故中伤亡3人以上的事故。

5）急性中毒事故：指生产性毒物一次或短期内通过人的呼吸道、皮肤或消化道大量进入人体内，使人体在短时间内发生病变，导致职工立即中断工作，并需要进行急救或导致死亡的事故。

第七篇

建筑模板与其他工种配合

本篇内容提要

本篇主要讲述模板工程和各主要工种直接的相互配合工作。

第7-1问　模板工与其他工种配合的特点表现在哪些方面？

上面已讲到，模板工程主要是为混凝土工程服务的，在整个建筑施工中它的主要配合工作也是与混凝土工程及有关的工种配合。所以它的特点主要表现在以下几个方面：

1）虽然配合的重点是混凝土结构工程，但涉及面广，与所有工作均有关系。

2）其次是和混凝土工程有关的工种，如测量放线工、钢筋工，以及需在混凝土结构中预埋各种铁件、管线和需要开设洞口的工种，如水暖、电气、通风、管道等工种，均与模板工有关。

3）为模板工服务的工种，如吊装工、电工、架子工等。

第7-2问　模板工程施工中与放线工的配合的一般要求有哪些？

在模板施工中构件的轴线是非常重要的，因此需要放线工及时配合模板工施工。

1）要及时准确地放好混凝土构件的中心线和边线，并及时检查模板的支护位置是否准确，否则会造成混凝土构件位置的偏移。

2）及时引测标出各楼层水准点，准确提供各种建筑构件的标高及断面尺寸。

3）当模板施工中发现轴线不清或可能有误时，要及时与放线工联系，及时矫正和重新放线。

第7-3问　混凝土浇筑前模板工程配合工作的要求有哪些？

1. 与外形几何尺寸有关方面

1）模板的外形尺寸是否符合设计图的要求。如标高、梁柱断面及数量、起拱等。

2）模板的细部处理。如梁柱板相互之间的连接处处理、各种预埋件、预留洞口（孔）、柱上的清扫口及浇筑口等。

3）模板的拼缝。如缝隙大小、拼缝高差等处理。

4）木模涂刷脱模剂及漏刷的作处理。

2. 与支撑系统有关方面

1）立柱支撑底部土地面是否下沉，排水是否畅通。

2）上下立柱是否在同一垂直线上，或下层楼板需设临时支撑加固等。

3）模板施工时的上下通道是否安全、方便。

4）模板支撑系统如水平连杆、斜撑、剪刀撑等是否齐全、连接牢靠，检查处理。

第7-4问　混凝土浇筑时的模板工程配合工作的要求有哪些？

1）模板工必须派专人"看模"，全程跟班，发现问题可立即处理。

2）检查支撑系统是否有下沉、倾斜、松动等现象，一旦发现及时处理。

3）监督是否利用模板支撑系统上下人或吊运材料，一旦发现立即阻止。

4）检查混凝土的浇筑顺序、浇筑方法是否会增加水平推力，从而影响支撑系统的受力情况，产生变形等不稳定因素。

5）随时观察各种连接件、螺栓和扣件是否松动。一旦发现有胀模、炸模等紧急情况，全力配合混凝土工处理。

第 7-5 问　混凝土浇筑后的模板工程配合工作的要求有哪些？

1）严格按设计及规范要求的时间拆模，执行拆模通知制度，不擅自做主随意拆除模板。

2）拆除后的模板要及时运至指定的堆放地点，及时进行清理后分类编号按码堆放。

3）拆除模板后，如发现混凝土出现问题，如表面蜂窝、麻面、露钢筋，或预留洞口、预埋件等，应及时配合有关工种进行整改。

第 7-6 问　架子工程与模板工程配合工作的要求有哪些？

1）模板工程高处作业超过 2m 时，都要搭设操作平台和脚手架。

2）当采用脚手架支模时，要相互分清责任，各负其责。

3）模板工操作使用的脚手架要有足够的稳定性和操作空间，并及时挂好安全围网、平网等，防止安全隐患的发生。

4）当施工超过一层时，要搭设安全通道，保证模板工等施工人员有一个安全的通行条件。

5）当基槽深度超过 2m 时，要在基槽四周搭设安全围栏，并给模板工搭设上下基槽的通道和运料通道。

第7-7问 架子工程在高层现浇框架施工中与模板工程配合工作的要求有哪些?

1) 独立柱模板施工时,脚手架工搭设的操作平台必须有足够的高度和较好的稳定性,并必须搭设施工人员的施工通道。

2) 按照施工方案要求位置,随着楼层增长,及时搭设模板等材料转运平台架子,并按规定上料平台要设置安全护栏。当施工超过一层时,要及时搭设模板施工人员的安全通道,不能让施工人员爬架子上下。

3) 高层梁、墙、板模板施工中,按方案要求搭设操作脚手架,并要有足够的操作面。

4) 脚手架立杆的支点不能支在模板的支撑系统中,脚手架的连墙件也不能与模板边缘有任何连接。

5) 用满堂红脚手架做模板的支撑时,要经技术人员的荷载计算,并按模板施工方案要求和模板工配合做好支撑系统。

6) 当拆除悬挑模板时,脚手架工必须按拆除模板的有关要求和施工方案搭设操作平台。

7) 脚手架工不能任意拆除模板的支撑杆件作为它用。

第7-8问 钢筋工程与模板工程配合工作的要求有哪些?

模板工与钢筋工是两个为混凝土工程服务的互相穿插衔接的工种,因此钢筋工必须配合好模板工才能保证整个结构工程的工程质量。钢筋工程与模板工程配合工作的要求如下:

1) 钢筋工的操作和行走不能在梁的底模和侧模上进行,要有独立的操作空间。

2）钢筋工的备料要均匀地分布在楼板面模板上，不能集中放置，否则容易产生巨大的集中荷载而局部发生沉降，甚至坍塌。

3）钢筋的固定不能与模板有连接，要与模板保持足够的保护层。

4）楼板加固验收后，不能用撬杠、重锤等重物撬别模板来垫保护层或增加绑扎钢筋。

5）钢筋工在施工中注意不要损坏脱模剂，反之，在涂刷脱模剂时不应污染钢筋。

6）固定在钢筋及模板上的预埋件要注意保护。

第7-9问 砌筑工程与模板工程配合工作的要求有哪些？

1）在砌筑施工中要根据图样要求和规范规定在构造柱的墙上留好马牙槎，两面的墙面要平整。

2）按规范要求留好圈梁及构造柱的位置和按施工方案要求留穿墙支撑孔洞。

3）支设模板时要注意不要碰撞松动已砌筑完的砌体。

第7-10问 吊装工程与模板工程配合工作的要求有哪些？

1）吊装模板时应设专人统一指挥。

2）模板吊点一定要按模板方案设计要求设置，严禁使用钢筋钩吊装。

3）吊装时，模板操作人员不能在吊装下面施工或来回走动。

4）楼板上的模板应分散堆放，不得超过楼板的规定荷载。

第7-11问 管道、电气工程与模板工程配合工作的要求有哪些？

1）各种相互交叉在混凝土内的预埋管线要合理安排，不能超过模板的高度。

2）各相关专业工种均要设专人看管本专业设置在模板上的预埋管线、预埋件及预留洞口。

3）要及时提供满足模板工程所需要的施工用电、水源等，确保安全用电，有足够的水压。

第八篇

其他

>> 本篇内容提要

本篇主要介绍模板工程的工程量（面积）计算方法和如何依据不同分项工程材料消耗定额，提出模板工程需用材料预算。

第 8-1 问　模板设计（方案）主要包括哪些内容？

在建筑工程中，模板工程与别的工程不太一样，一般混凝土结构较小的工程要编一个模板施工方案，较大的混凝土结构工程，必须编制模板施工设计，作为整个施工组织设计的一个重要组成部分。作为一个模板工，不一定要亲自编制模板设计，但他应该了解模板施工设计的内容，并在实际操作时认真贯彻执行。

1. 模板设计的几种类型

1）对于一般梁、柱、板的模板设计，可根据结构施工图中的具体尺寸和数量进行模板配制。

2）对于形状比较复杂的构件，如楼梯等结构，应按图样尺寸，1：1 地放大样，并按此比例配制模板。

3）对于形体十分复杂的结构，很难用放大样来模板配制，可采用计算并结合放大样进行模板配制，也可以采用结构表面展开法进行模板配制。

2. 模板设计中应考虑哪些内容

1）模板设计时，不仅要考虑支设牢固、操作方便，还要考虑便于拆除。

2）模板设计要特别注意保证在施工过程中的安全性，并做到不漏浆、不变形、不倒塌。

3）要针对工程具体情况，因地制宜，就地取材，在确保质量和工期的前提下，提高模板的周转率，尽量减小一次性投入，以减少工程成本。

3. 其他

1) 当采用钢模板时，必须进行配板设计，合理使用各种角模和连接件，并绘制模板配制安装图。

2) 当采用各种新型模板体系时，应根据结构形状、特点和要求，进行合理选择与设计。

第8-2问 现浇混凝土中各主要结构面积计算有什么规定？

1) 基础：现浇混凝土基础模板工程量按不同模板材料、支撑材料，以基础混凝土与模板的接触面积计算，规定如下：

① 带形基础按基础各阶两侧面的面积计算。

② 独立基础按基础各阶四侧面的面积计算。

③ 杯形基础按基础各阶四侧面的面积及杯口四侧面的面积计算等。

2) 梁、柱：梁、柱模板工程量按不同模板材料、支撑材料，以梁、柱混凝土与模板接触面的面积计算，规定如下：

① 梁按梁的底面积及侧面积之和计算，其中，圈梁按圈梁两侧面的面积计算。

② 柱按柱的侧面面积之和计算，其中，构造柱计算外露面积。

3) 墙、板：按如下规定计算：

① 墙模板工程量按墙的两侧面积计算。

a. 墙上单孔面积 0.3m² 以内的孔洞，不扣除面积，但洞侧壁面积也不增加。

b. 墙上单孔面积 0.3m² 以上的孔洞，应扣除面积，但洞侧壁面积应增加，计入模板工程量。

② 有梁板按板底面面积、梁底面面积及梁侧面面积（板以下部分）之和计算。

③ 无梁板、平板按板底面面积计算。

④ 板上单孔面积 0.3m² 以内的孔洞，不扣除面积，但洞侧壁面积也不增加。

⑤ 墙上单孔面积 0.3m² 以上的孔洞，应扣除面积，但洞侧壁面积应增加，计入模板工程量。

4）框架模板：按如下规定计算：

① 叠合梁按梁的底面面积及侧面面积之和计算。

② 板带按板带的底面面积计算。

③ 柱接柱按接头的混凝土外围面积计算。

第8-3问 主要结构每 1m³ 混凝土所需模板面积是多少？

主要结构每 1m³ 混凝土所需模板面积的参考表，见表 8-1。

表 8-1 主要结构每 1m³ 混凝土所需模板面积的参考表

构件名称	规格尺寸	模板面积/m²
带形基础		2.16
独立基础		1.76
柱	周长 1.2m 以内	14.7
柱	周长 1.8m 以内	9.30
柱	周长 1.8m 以外	6.80
梁	宽 0.25m 以内	12.00
梁	宽 0.35m 以内	8.89
梁	宽 0.45m 以内	6.67
墙	厚 10cm 以内	25.60
墙	厚 20cm 以内	13.60
墙	厚 20cm 以外	8.20
有梁板	厚 10cm 以内	10.70

(续)

构件名称	规格尺寸	模板面积/m²
有梁板	厚10cm以外	8.07
无梁板		4.20
平板	厚10cm以内	12.00
平板	厚10cm以外	8.00

 第8-4问 带形基础模板材料消耗定额

带形基础模板材料消耗定额见表8-2。

表8-2 带形基础模板材料消耗定额（计量单位：100m²）

定额编号			5-9	5-10	5-11	5-12
项目		单位	带形基础			
			钢筋混凝土（有肋式）			
			组合钢模板		复合木模板	
			钢支撑	木支撑	钢支撑	木支撑
材料	组合钢模板	kg	73.83	73.83	1.00	1.00
	复合木模板	m²			2.05	2.05
	模板板方材	m³	0.014	0.014	0.014	0.014
	支撑钢管及扣件	kg	48.53		48.53	
	支撑方木	m³	0.423	0.854	0.423	0.854
	零星卡具	kg	36.99	22.61	36.99	22.61
	铁钉	kg	4.20	23.75	4.20	23.75
	镀锌钢丝8号	kg	66.09	60.22	66.09	60.22
	铁件	kg	14.87		14.87	
	尼龙帽	个	87		87	
	草板纸80号	张	30.00	30.00	30.00	30.00
	隔离剂	kg	10.00	10.00	10.00	10.00
	水泥砂浆1：2	m³	0.012	0.012	0.012	0.012
	镀锌钢丝22号	kg	0.18	0.18	0.18	0.18

第 8-5 问　杯形基础模板材料消耗定额

杯形基础模板材料消耗定额见表 8-3。

表 8-3　杯形基础模板材料消耗定额（计量单位：100m²）

定额编号		5-19	5-20	5-21	5-22
项目	单位	杯形基础			
		组合钢模板		复合木模板	
		钢支撑	木支撑	钢支撑	木支撑
组合钢模板	kg	63.21	63.21	1.99	1.99
复合木模板	m²			1.62	1.62
模板板方材	m³	0.186	0.186	0.186	0.186
支撑钢管及扣件	kg	29.72		29.72	
支撑方木	m³	0.306	0.739	0.306	0.739
零星卡具	kg	33.51	18.45	33.51	18.45
铁钉	kg	11.13	20.57	11.13	20.57
镀锌钢丝 8 号	kg	50.15	41.78	50.15	41.78
草板纸 80 号	张	30.00	30.00	30.00	30.00
隔离剂	kg	10.00	10.00	10.00	10.00
水泥砂浆 1：2	m³	0.012	0.012	0.012	0.012
镀锌钢丝 22 号	kg	0.18	0.18	0.18	0.18

（注：材料为第一列左侧竖排"材料"）

 第 8-6 问　柱模板材料消耗定额

柱模板材料消耗定额见表 8-4。

表 8-4　柱模板材料消耗定额（计量单位：100m²）

定额编号		5-58	5-59	5-60	5-61
项目	单位	矩形柱			
		组合钢模板		复合木模板	
		钢支撑	木支撑	钢支撑	木支撑
材料 组合钢模板	kg	78.09	78.09	10.34	10.34
复合木模板	m²			1.84	1.84
模板板方材	m³	0.064	0.064	0.064	0.064
支撑钢管及扣件	kg	45.94		45.94	
支撑方木	m³	0.182	0.519	0.182	0.519
零星卡具	kg	66.74	60.50	66.74	60.50
铁钉	kg	1.80	4.02	1.80	4.02
铁件	kg		11.42		11.42
草板纸80号	张	30.00	30.00	30.00	30.00
隔离剂	kg	10.00	10.00	10.00	10.00

 第8-7问　梁模板材料消耗定额

梁模板材料消耗定额见表8-5。

表 8-5　单梁、连续梁模板材料消耗定额（计量单位：100m²）

定额编号		5-73	5-74	5-75	5-76
项目	单位	单梁、连续梁			
		组合钢模板		复合木模板	
		钢支撑	木支撑	钢支撑	木支撑
材料 组合钢模板	kg	77.34	77.34	7.23	7.23
复合木模板	m²			2.06	2.06
模板板方材	m³	0.017	0.017	0.017	0.017

（续）

定额编号		5-73	5-74	5-75	5-76
项目	单位	单梁、连续梁			
		组合钢模板		复合木模板	
		钢支撑	木支撑	钢支撑	木支撑
材料 支撑钢管及扣件	kg	69.48		69.48	
支撑方木	m³	0.029	0.914	0.029	0.914
梁卡具	kg	26.19		26.19	
铁钉	kg	0.47	36.24	0.47	36.24
镀锌钢丝8号	kg	16.07		16.07	
零星卡具	kg	41.10	36.55	41.10	36.55
铁件	kg		4.15		4.15
草板纸80号	张	30.00	30.00	30.00	30.00
隔离剂	kg	10.00	10.00	10.00	10.00
尼龙帽	个	37	37	37	37
水泥砂浆1：2	m³	0.012	0.012	0.012	0.012
镀锌钢丝22号	kg	0.18	0.18	0.18	0.18

 第8-8问　墙模板材料消耗定额

墙模板材料消耗定额见表8-6：

表8-6　墙模板材料消耗定额（计量单位：100m²）

定额编号		5-73	5-74	5-75	5-76
项目	单位	直形墙			
		组合钢模板		复合木模板	
		钢支撑	木支撑	钢支撑	木支撑
材料 组合钢模板	kg	71.83	71.83	4.99	4.99
复合木模板	m²			2.03	2.03

（续）

定额编号		5-73	5-74	5-75	5-76
项目	单位	直形墙			
		组合钢模板		复合木模板	
		钢支撑	木支撑	钢支撑	木支撑
材料 模板板方材	m³	0.029	0.029	0.029	0.029
支撑钢管及扣件	kg	24.58		24.58	
支撑方木	m³	0.016	0.610	0.016	0.610
零星卡具	kg	44.03	36.31	44.03	36.31
铁钉	kg	0.55	3.40	0.55	3.40
铁件	kg	3.54	5.80	3.54	5.80
镀锌钢丝8号	kg		60.61		60.61
尼龙帽	个	69	53	69	53
草板纸80号	张	30.00	30.00	30.00	30.00
隔离剂	kg	10.00	10.00	10.00	10.00

 第8-9问　电梯井模板材料消耗定额

电梯井模板材料消耗定额见表8-7。

表8-7　电梯井模板材料消耗定额（计量单位：100m²）

定额编号		5-91	5-92	5-93	5-94
项目	单位	电梯井壁			
		组合钢模板		复合木模板	
		钢支撑	木支撑	钢支撑	木支撑
材料 组合钢模板	kg	65.76	65.76		
复合木模板	m²			1.88	1.88
模板板方材	m³	0.149	0.149	0.149	0.149

（续）

定额编号			5-91	5-92	5-93	5-94
项目		单位	电梯井壁			
			组合钢模板		复合木模板	
			钢支撑	木支撑	钢支撑	木支撑
材料	支撑钢管及扣件	kg	19.38		19.83	
	支撑方木	m³		0.298		0.298
	零星卡具	kg	38.99	30.57	38.99	30.57
	铁钉	kg	9.88	10.58	9.88	10.58
	铁件	kg	6.77	6.77	6.77	6.77
	镀锌钢丝8号	kg		37.59		37.59
	尼龙帽	个	50	50	50	50
	草板纸80号	张	30.00	30.00	30.00	30.00
	隔离剂	kg	10.00	10.00	10.00	10.00

 第 8-10 问　有梁板模板材料消耗定额

有梁板模板材料消耗定额见表8-8。

表 8-8　有梁板模板材料消耗定额（计量单位：100m²）

定额编号			5-100	5-101	5-102	5-103
项目		单位	有梁板			
			组合钢模板		复合木模板	
			钢支撑	木支撑	钢支撑	木支撑
材料	组合钢模板	kg	72.05	72.05	14.74	14.74
	复合木模板	m²			1.71	1.71
	模板板方材	m³	0.066	0.066	0.066	0.066
	支撑钢管及扣件	kg	58.04		58.04	

（续）

定额编号		5-100	5-101	5-102	5-103
项目	单位	有梁板			
		组合钢模板		复合木模板	
		钢支撑	木支撑	钢支撑	木支撑
材料 梁卡具	kg	5.46		5.46	
支撑方木	m³	0.193	0.911	0.193	0.911
零星卡具	kg	35.25	35.25	35.25	35.25
铁钉	kg	1.70	30.25	1.70	30.25
镀锌钢丝8号	kg	22.14	32.48	22.14	32.48
草板纸80号	张	30.00	30.00	30.00	30.00
隔离剂	kg	10.00	10.00	10.00	10.00
水泥砂浆1:2	m³	0.007	0.007	0.007	0.007
镀锌钢丝22号	kg	0.18	0.18	0.18	0.18

附录

符号和术语

类 别	符号和术语	诠　　释
长度	m	米
	cm	厘米
	mm	毫米
	km	千米
面积	m²	平方米
	cm²	平方厘米
	mm²	平方毫米
	φ	直径
体积	m³	立方米
	cm³	立方厘米
	L	升:容量、体积计量单位,1m³=1000L
时间	d	天
	h	小时
	min	分
	s	秒
标高及误差	+	正
	−	负
	±	正负:用于表示标高,如底层地面标为±0.00;用于质量检测标准中允许误差,如标注±5,则表示允许误差范围−5~+5
温度	℃	摄氏度
角度	°	度
音量	dB	分贝:表示音量的强弱(大小)
电气	V	电压单位
	A	电流单位
速度	r/min	转/分:机器每分钟运转单位。如:马达转速为1200r/min

（续）

类别	符号和术语	诠　　释
质量	t	吨
	kg	千克
	g	克
	kg/m^3	千克/立方米；物体每立方米的质量，如混凝土每立方米质量为 2400 千克，则表示方法：$2400kg/m^3$
	ρ	表示物质的单位体积的质量，常用于表示物质的表干密度
力学荷载	kN	千牛
	N	牛，$1kgf \approx 9.8N$
	kN/m^2	千牛/平方米；指每平方米面积上的荷载
	kN/m	千牛/米；指每延长米上的荷载
大小比例	<	小于
	>	大于
	$\leqslant$	小于或等于，如：$10 < H \leqslant 15$，表示 H 应大于 10，小于或等于 15
	$\geqslant$	大于或等于
	%	百分率
	1：2	表示两种物体所占总质量（或体积）的份额，如 1：2 水泥砂浆（体积比）即表示：1 份水泥，两份砂子；若是按质量比，则表示：总质量 300kg，其中水泥 100kg，砂子 200kg
平、立面尺寸表示法	240mm×240mm	表示物体的平面尺寸：长度×宽度
	240mm×120mm×63mm	表示物体的立体尺寸：长度×宽度×厚度（高度）
术语	面板	面板是直接接触新浇混凝土的承力板，（拼装的板和带楞的定型板）面板的种类有木板、多层胶合板、钢板和塑料板等
	支架	支架是支撑面板用的楞梁、立柱、连接件、斜撑、剪刀撑及水平拉杆等构件的总称
	连接件	连接件是面板与楞梁的连接、面板自身的拼接、支架结构自身的连接或以上两者间互相连接的零配件，包括卡销、螺栓、扣件、卡具、拉杆等
	模板体系	模板体系是由面板、支架和连接件三部分系统组成的构架体系。通称为模板或模板工程

（续）

类别	符号和术语	诠　释
术语	小楞	小楞是直接支承面板的小型楞梁或小梁,也称为次楞、次梁、小搁栅、小龙骨。在竖向(墙)模板中也称内背楞
	大楞	大楞是直接支承大小楞的结构构件,也称为主楞、主搁栅、大龙骨。在竖向(墙)模板中也称外背楞。一般用钢、木楞或桁架配制
	牵杠	支撑大楞的钢、木梁,为增加大楞承载力而设,一般用在平模支撑体系上
	支架立柱	支架立柱是直接支撑大楞的受压结构构件,也称支撑立柱或立柱。若支撑牵杠的,则称牵杠立柱
	配模	配模是在模板施工设计中所包括的模板排列图、连接件与支承件布置图,以及细部结构、异形模板和特殊部位详图
	飞模	飞模是台模从已浇好的楼板下借助起重机械吊运飞出,转移到上层重复使用而得名,称作飞模
	建筑荷载	房屋建筑在使用中承受的家具、设备、人流活动、风雪等及构件自身的重量,统称为荷载。
	集中荷载	荷载形式只集中一处传给构件的称作集中荷载,如楼板次梁搁置在主梁上,则主梁受到传来的集中荷载
	均布荷载	荷载形式为均布在构件上的称为均布荷载,如楼板上承受的荷载或屋面的雪载,一般都视为均布荷载
	拉力	构件受两端向外的力作用而产生的内应力为拉力,如屋架的下弦杆。图-1所示为杆件受拉状态,图中虚线表示杆件受拉后会变形伸长。（图-1）

（续）

类别	符号和术语	诠 释
术语	压 力	构件受两端向内的力作用而产生的内应力为压力，如中心受压的柱子。图-2所示为杆件受压状态，图中虚线表示杆件受压后会压缩变形缩短了 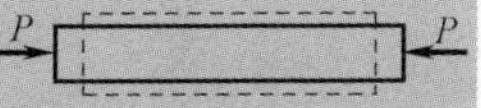
	弯 矩	梁受到荷载后发生向下弯曲变形（俗称挠度），使梁产生内应力，下部受拉，上部受压，越靠梁的中央应力越大，即承受的弯矩作用越大。由于混凝土抗压强度高，抗拉强度低，因此在下部使用钢筋来为混凝土承受拉力，使梁不致破坏。图-3所示为梁承受过大荷载后达到破坏状态时情境 
	剪 力	当梁受到竖向荷载或墙受到水平荷载（如风荷载）后，梁在靠近两端支座附近区域呈八字状或墙呈X状近似45°斜角截面处产生法向拉应力，使混凝土产生裂缝，即构件受到剪力的作用所致。为此，梁在靠近两端设置45°角的弯起钢筋，同时此处钢箍加密，以抵抗剪力的破坏。如图-3中梁两端的斜向裂缝的产生，大部分因素是由剪应力引起的。图-4所示为墙体在地震中受剪力作用后的破坏状态。 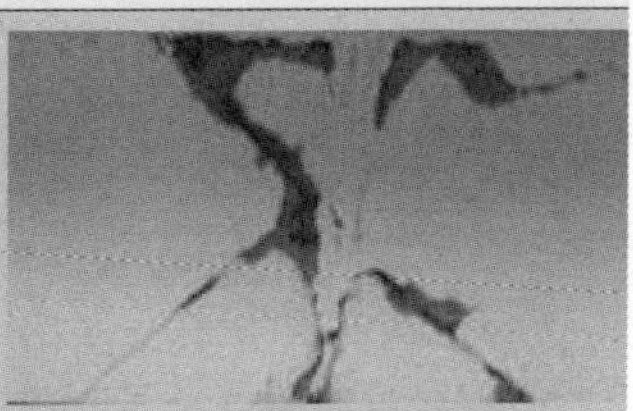
	地震烈度	指国家规定该区域地震强度的等级，设计按此等级作设防措施

（图-2）

（图-3）

（图-4）

（续）

类　别	符号和术语	诠　　　释
术语	抗震设防区	按国家规定该区域有发生地震可能的地区,在工程建设中必须按标准(即抗震设防烈度)采取抗震措施进行设计
	非地震区	即按国家规定该区域没有发生地震可能的地区,因此,建筑设计无须采取抗震设防措施

参 考 文 献

［1］ 本书编委会.建筑木工快速入门［M］.北京：北京理工大学出版社，2009.

［2］ 葛树成.我是大能手：模板工［M］.北京：化学工业出版社，2015.

［3］ 韩实彬.木工工长［M］.北京：机械工业出版社，2007.

［4］ 赵亚军.木工［M］.北京：清华大学出版社，2014.

［5］ 吴坤.建筑工程质量常见问题与防治［M］.北京：中国电力出版社，2015.

［6］ 李钰,黄健.施工现场安全操作300问［M］.北京：中国电力出版社，2013.

［7］ 《建筑施工手册》编写组.建筑施工手册［M］.北京：中国建筑工业出版社，1980.

新书推荐

图说建筑工种轻松速成系列丛书

　　本套丛书从零起点的角度，采用图解的方式讲解了应掌握的操作技能。本书内容简明实用，图文并茂，直观明了，便于读者自学自用。

扫一扫直接购买

图说水暖工技能轻松速成	书号：978-7-111-53396-2	定价：35.00
图说钢筋工技能轻松速成	书号：978-7-111-53405-1	定价：35.00
图说焊工技能轻松速成	书号：978-7-111-53459-4	定价：35.00
图说测量放线工技能轻松速成	书号：978-7-111-53543-0	定价：35.00
图说建筑电工技能轻松速成	书号：978-7-111-53765-6	定价：35.00

图解现场施工实施系列丛书

　　本套书是由全国著名的建筑专业施工网站—土木在线组织编写，精选大量的施工现场实例。书中内容具体、全面、图片清晰、图面布局合理、具有很强的实用性和参考性。

扫一扫直接购买

书名：图解建筑工程现场施工	书号：978-7-111-47534-7	定价：29.80
书名：图解钢结构工程现场施工	书号：978-7-111-45705-3	定价：29.80
书名：图解水、暖、电工程现场施工	书号：978-7-111-45712-1	定价：26.80
书名：图解园林工程现场施工	书号：978-7-111-45706-0	定价：23.80
书名：图解安全文明现场施工	书号：978-7-111-47628-3	定价：23.80

亲爱的读者：
　　感谢您对机械工业出版社建筑分社的厚爱和支持！
　　联系方式：北京市百万庄大街22号机械工业出版社　建筑分社　收　邮编100037
　　电话：010-68327259　　E-mail：cmpjz2008@126.com

新书推荐

从新手到高手系列丛书（第2版）

　　本套书根据建筑职业操作技能要求，并结合建筑工程实际等作了具体、详细的介绍。

　　本书简明扼要、通俗易懂，可作为建筑工程现场施工人员的技术指导书，也可作为施工人员的培训教材。

扫一扫直接购买

书名：建筑电工从新手到高手	书号：978-7-111-44997-3	定价：28.00
书名：防水工从新手到高手	书号：978-7-111-45918-7	定价：28.00
书名：木工从新手到高手	书号：978-7-111-45919-4	定价：28.00
书名：架子工从新手到高手	书号：978-7-111-45922-4	定价：28.00
书名：混凝土工从新手到高手	书号：978-7-111-46292-7	定价：28.00
书名：抹灰工从新手到高手	书号：978-7-111-45765-7	定价：28.00
书名：模板工从新手到高手	书号：978-7-111-45920-0	定价：28.00
书名：砌筑工从新手到高手	书号：978-7-111-45921-7	定价：28.00
书名：钢筋工从新手到高手	书号：978-7-111-45923-1	定价：28.00
书名：水暖工从新手到高手	书号：978-7-111-46034-3	定价：28.00
书名：测量放线工从新手到高手	书号：978-7-111-46249-1	定价：28.00

《施工员上岗必修课》

杨燕　等编著

　　全书内容丰富，编者根据多年在现场实际工作中的领悟，汇集成施工现场技术及管理方面重点应了解和掌握的基本内容，对现场施工管理人员掌握现场技术及管理方面的知识是一个很好的教程。读者可以根据自己的实际情况选择相关内容学习，也可以用作现场操作的指导书。本书适合现场的施工管理人员、监理人员、业主及在校大学生阅读。

扫一扫直接购买

　　书号：978-7-111-53713-7　定价：69.00元